# Klickertraining mit Papageien

# Klickertraining mit Papageien

Hinweis: Alle Angaben im Buch sind sorgfältig geprüft und basieren zum Großteil auf den Erfahrungen der Autorin. Da sich das Wissen um Papageien, Haltungsmethoden und Tiermedizin aber stetig erweitert, ist es unmöglich auszuschließen, dass bestimmte Angaben bereits durch neuere Erkenntnisse ergänzt wurden oder gar überholt sind. Eine Haftung der Autorin oder des Verlags und seiner beauftragten Personen für Personen-, Sach- und Vermögensschäden ist ausgeschlossen.

Impressum

Herstellung und Verlag: Books on Demand GmbH, Norderstedt

ISBN 978-3-83-708720-8

Bibliografische Information der Deutschen Bibliothek:

Die Deutsche Bibliothek verzeichnet diese Publikation in der Deutschen Nationalbibliografie; detaillierte bibliografische Daten sind im Internet über <http://dnb.ddb.de> abrufbar.

# Inhalt

# Vorwort

In meiner Heimat Japan ist man ebenso von Papageien fasziniert, wie in vielen anderen Ländern auch. Gerade in den Großstädten ist es aber kaum möglich, Papageien außerhalb einer meist beengten Wohnung zu pflegen.

Daher ist es extrem wichtig, dass die gehaltenen Papageien sich an das enge Miteinander mit den Menschen gewöhnen und darüber hinaus noch bestimmte Verhaltensweisen lernen, die das Zusammenleben erleichtern.

Ich glaube hierin unterscheidet sich Japan nicht so sehr von anderen Ländern. Daher fand ich es eine gute Idee, meine Erfahrungen, die ich als Tiertrainierin in Japan machen durfte, auch für andere Menschen zugänglich zu machen. Dies wäre nie ohne die Hilfe meiner langjährigen Freundin Henrike Schuster aus Düsseldorf möglich gewesen, denn sie war es, die meine handschriftlichen Notizen ins Deutsche übersetzte. Dafür gilt ihr mein besonderer Dank!

Ich hoffe, dass mein kompakter Ratgeber, der keinen Anspruch auf Vollständigkeit erheben möchte, sondern als Einführung zu verstehen ist, viele andere Papageienfreunde erreicht und zum Training mit ihren Tieren anregt. Denn einen Papageien zu trainieren, bringt ihn uns näher als jede andere Tätigkeit. Wer seinem Tier nahesteht, der wird es auch gut behandeln und pflegen.

In diesem Sinne wünschen ich Ihnen, liebe Papageienfreunde, viel Spaß beim Lesen und viel Ausdauer beim Trainieren.

März 2009,
Emi Nakamura

# Papageien sind etwas Besonderes

Die meisten Papageien sind auch heute noch Wildtiere. Demzufolge sind Ihre natürlichen Instinkte und Verhaltensweisen sehr eng an ihren Lebensstil in freier Wildbahn geknüpft. Umso wichtiger ist es, dass Sie sich als Papageienhalter und –trainer mit diesem Aspekt beschäftigen und mindestens ein grundlegendes Verständnis von der Biologie der Papageien erlangen.

Papageien sind eine sehr große Vogelgruppe, die deutlich über 300 Arten aufweist und sich ich verschiedene Untergruppen aufgliedern lässt. Unter der Bezeichnung Papagei fasst man all die Vogelarten-zusammen, die von den Biologen in die Ordnung der Papageienvögel (*Psittaciformes*) eingegliedert werden. Diese besteht den aktuellen Erkenntnissen zufolge aus zwei Familien. Nämlich einmal aus den eigentlichen Papageien (*Psittacidae*), zu anderen aus den Kakadus (*Cacatuidae*), die ja u. a. durch ihre Federhaube charakterisiert sind.

Hauptmerkmale aller Papageien sind der gebogene Schnabel, der auch als Kletterhilfe dient, eine sogenannte Wachshaut, also eine federlose Stelle oberhalb des Schnabels, die meist kräftigen Farben und die Anordnung der Zehen, wobei zwei Zehen nach vorne und zwei nach hinten einen „Greiffuß“ bilden.

Mitglieder der Papageienfamilie sind aufgrund ihres Aussehens, ihrer Fortbewegungsart, ihrer Neugier und ihres Sozialverhaltens kaum mit anderen Vögeln zu verwechseln. Sie untereinander in eine stammesgeschichtliche Beziehung zu stellen ist da schon schwieriger. Nicht zuletzt deshalb wird man in verschiedenen Fachbüchern auch unterschiedliche Systematiken finden. Eine derzeit gebräuchliche Variante ist abgebildet.

Papageien stammen überwiegend aus den Tropen oder Subtropen. Die Mehrzahl der Papageien ist in warm-feuchten Waldgebieten zu finden, aber auch Mangroven, Bergwälder, Sümpfe bis hin zu spärlich bewaldeten Grassteppen, Savannengebiete, offene Grassteppen und Parklandschaften gehören zu den häufigeren Papageienlebensräumen. Ungewöhnlicher ist es dann schon, dass einige Papageien auch in kälteren Gebieten leben und sogar mit Eis und Schnee in Berührung kommen. Ein prominentes Beispiel ist der neuseeländische Kea, der heute hauptsächlich in Hochgebirgsregionen zu beobachten ist. Auch Feuerland, also der kalte Südzipfel Südamerikas hat mit dem Smaragdsittich eine eigene Papageienart aufzuweisen, die nicht weit von der Heimat der Pinguine umherstreifen.

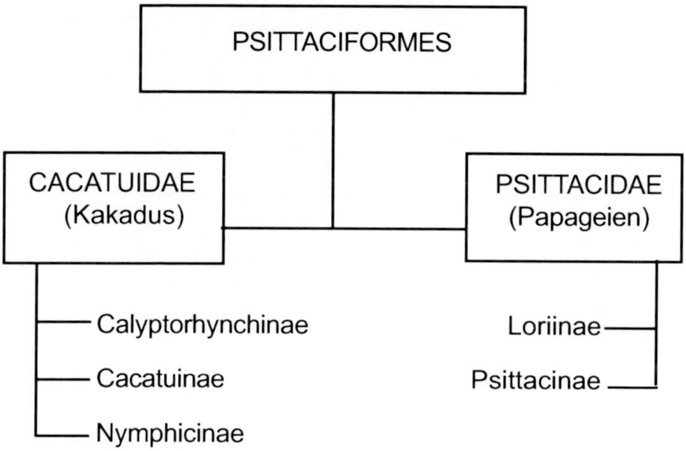


Aktuelle Systematik der Papageien (nach COLLAR 1997). Demnach spaltet sich die Ordnung *Psittaciformes* in zwei Familien auf. Die erste, die *Cacatuidae* umfasst sämtliche Kakadus in drei Unterfamilien, also insgesamt 6 Gattungen und 21 Arten. Die zweite, die *Psittacidae* hingegen alle anderen Papageien inklusive der Loris. Das sind zwei Unterfamilien mit 78 Gattungen und 332 Arten.

Graupapageien sind sehr beliebte Hausgenossen, da sie gut zu zähmen sind und auch als sehr talentierte Sprecher gelten. Leider haben sich diese intelligenten Tiere aber häufig auch als sehr empfindlich erwiesen, denn sie reagieren sehr sensibel auf Haltungsfehler.

Unterschiedliche Lebensräume, bringen in der Regel auch vielfältige Nahrungsquellen mit sich. So verhält es sich auch bei den Papageien. Papageien werden häufig als Körnerfresser bezeichnet. Dies beschreibt die Realität nur höchst unzureichend und fördert bei in Menschenobhut gehaltenen Papageien die häufig zu findende Fehlernährung.

Das Spektrum reicht von Nahrungsgeneralisten, die Samen, Blüten, Früchte und auch Insekten verzehren bis hin zu wahren Nahrungsspezialisten, die sich entwicklungsgeschichtlich eng an eine bestimmte Nahrungsressource gebunden haben.

Loris und Fledermauspapageien ernähren sich hauptsächlich von Pollen und Nektar, einige große Aras von bestimmten öligen, faserhaltigen Palmnüssen und wiederum andere Papageienarten von bestimmten Feigen. Der australische Braunkopfkakadu ernährt sich vorwiegend von Casuarina-Nüssen, der südafrikanische Kappapagei frisst hauptsächlich die Früchte des Gelbholzbaumes (*Podocarpus*) usw. usf. Solche Spezialisten sind dann häufig besonders schnell vom Aussterben bedroht, wenn man in ihren natürlichen Lebensraum eingreift und sich das Nahrungsangebot kurzfristig verändert. Wenn man sich auf bestimmte Nahrungsressourcen spezialisiert hat, muss man seine Lebensweise auch danach ausrichten. So sind zu manchen Jahreszeiten unter Umständen weite Strecken zurückzulegen, um Nahrung zu finden. Solche Tiere leben dann als Nomaden. Andere wiederum haben immer ausreichend Nahrungsalternativen in ihrem Lebensraum und brauchen demzufolge solche Wanderungen nicht unternehmen.

Papageien sind je nach Ernährungsweise auch eher auf Bäumen oder eben in Bodennähe zu finden. In Australien gibt es z.B. Wellensittiche und Grassittiche, die sich zur Nahrungssuche vorwiegend am Boden aufhalten, da sie sich von Grassamen ernähren. Früchtefresser können hingegen einen

Großteil ihres Lebens in den hochgelegenen Baumwipfeln verbringen und sind entsprechend schwer zu beobachten.

Der typische Tagesablauf der Papageien beginnt in den frühen Morgenstunden. Jetzt bewegen sich die Tiere gruppen- oder paarweise von ihren Schlafplätzen weg und fliegen die Nahrungsquellen an. Nach der ersten Mahlzeit wird meist viel Zeit damit verbracht, sich irgendwo in Baumwipfeln niederzulassen, Gefiederpflege und soziale Verhaltensweisen auszuüben und vor allem um zu ruhen.

Ein zweiter Aktivitätenschub erfolgt dann noch mal kurz vor Einbruch der Dämmerung und dann werden die angestammten Ruheplätze wieder aufgesucht. Ob die jeweilige Papageienart sich als ganzer Schwarm an den traditionellen Schlafbäumen einfindet oder als Brutpaare in ihren Nesthöhlen schläft, hängt ganz von ihrer Entwicklungsgeschichte und den Lebensumständen ab. Zum einen bieten große Gruppen einen ganz guten Schutz vor Räubern, da das Einzeltier im Ernstfall eher die Chance hat, einem Räuber zu entkommen, andererseits gibt es Gegenden, in denen Brutplätze so begehrt sind, dass man sie auch nachts besser nicht aus den Augen lässt.

Papageien sind grundsätzlich sehr wachsame Gesellen, da sie bei einer Reihe von Greifvögeln und anderen Räubern auf dem Speisezettel stehen. Nicht zuletzt deshalb sind Papageien auf dem Boden stets nervös und fliegen bei der kleinsten Störung auf. Bei manchen Arten (z.B. Kakadus), die auf dem Boden nach Nahrung suchen, gibt es geradezu Wachposten, die in der Nähe auf einem Aussichtspunkt sitzen und die Gruppe warnen, wenn sich etwas Ungewöhnliches tut.

Zu den natürlichen Feinden gehören vor allem verschiedene Greifvögel, aber durchaus auch größere Reptilien wie Warane und Schlangen. Eingeschleppte Ratten und Hauskatzen können ganze Bestände in kurzer Zeit gefährden, da sie sowohl Nester plündern als auch Alttieren gefährlich werden können. Insbesondere, wenn Papageienarten nicht an solche Räuber gewöhnt sind, fallen sie massenhaft zum Opfer und werden dann schnell an den Rand der Ausrottung gebracht. Dies gilt z.B. für den seltenen Kakapo oder Eulenpapagei oder inselbewohnende Laufsittiche und Amazonen.

Berühmt geworden sind Papageien auch wegen ihrer Eigenschaft sich fest an einen Partner zu binden, wobei diese Monogamie nicht bei allen Arten gleichermaßen ausgeprägt ist. Vermutlich ist ein solches Verhalten für uns Menschen sehr ansprechend, da es unseren Moralvorstellungen entgegenkommt.

In jedem Fall sind Papageien aber sehr fürsorgliche Eltern, bei denen je nach Art auch die Männchen bei der Aufzucht der Jungen fleißig mithelfen. Kakadus und Aras, aber auch zahlreiche andere Arten, mögen den engen Körperkotakt zu und die soziale Gefiederpflege bei ihrem Partner. Von einigen Ausnahmen abgesehen sondern sich Paare zur Brutzeit tendenziell von den Gruppen ab, mit denen sie außerhalb der Brutperiode umherschweifen.

In der Fortpflanzungsperiode geht es vor allem darum, sowohl ein angemessenen Brutplatz zu finden als auch ausreichende Nahrungsquellen zur Versorgung von Weibchen und Jungtieren. Da solche Plätze nicht unbedingt im Übermaß zu finden sind, kommt es zu gewissen Konkurrenzsituationen. So ist es nur natürlich, dass geschlechtsreife Tiere bestimmter Arten in dieser Zeit aggressiver als üblicherweise sind. Gute Beispiele hierfür sind z.B. verschiedene Amazonen und Plattschweifsittiche, bei denen die Männchen ein ausgeprägtes Territorialverhalten zeigen. Aber es gibt auch ausgesprochene Koloniebrüter. Darunter fallen auch die wenigen Arten die Nester bauen wie z.B. die südamerikanischen

Mönchsittiche oder einige Agaporniden-Arten in Afrika. Wellensittiche sind ebenfalls eher soziale Brutvögel, die dicht nebeneinander nisten.

Die meisten Arten nutzen Baumhöhlungen als Niststätte, aber auch Felsnischen und sogar Gebäudestrukturen können dazu dienen. Rosenköpfchen vervollständigen z.B. solche Brutstätten, indem sie aus verschiedenen Materialien eigene Bruthöhlen inklusive. Dach und Eingangsbereich flechten. Wie lange die Jungen im Nest bleiben, ist artabhängig und schwankt etwa zwischen vier und zwölf Wochen. Aber auch danach ist die Bindung an die Elterntiere und Geschwister noch recht deutlich ausgeprägt und kann sich über viele Monate hinziehen. Schließlich gilt es vieles zu lernen und von den Alttieren abzugucken. Dazu gehören z.B. geeignete Nahrungsquellen ebenso wie soziale Verhaltensweisen. Handaufzuchten, die unzureichend Zeit mit ihren Eltern verbringen konnten, haben später oft Schwierigkeiten sich anderen Artgenossen anzuschließen, einen Partner zu finden und erfolgreich Junge großzuziehen.

Übrigens verrät auch die Körper- und Flügelform der Papageien einiges über ihre Lebensweise. So weisen lange und spitz zulaufende Flügel auf ein schnelles Flugverhalten hin, welches vor allem Langstreckenfliegern zueigen ist. Darunter fallen z.B. verschiedene Sitticharten, wie z.B. der berühmte Wellensittich oder auch die Nymphensittiche, beides häufig gehaltene Arten. Als Kontrast kann man die typischen Papageienarten mit einem eher gedrungenen Körperbau ansehen, die zwar durchaus auch gute Flieger sein können, im Vergleich zu einem raketenschnellen Sittich aber dann doch eher an eine fliegende Ente erinnern. Egal welche Körperform ein Papagei letztendlich hat, sie sind Vögel und somit primär Flugtiere. Ein Käfig, der selbst für ein paar Flügelschläge zu klein ist, ist daher eine unzureichende Unterbringung.

Papageien brauchen den engen Kontakt zu Artgenossen. Häufige Folge der Einzelhaltung ist das Federrupfen.

Dieser Zwergara zeigt durch das blitzartige Vergrößern seiner Pupille wie aufgeregt er ist. Meist deutet dieses Verhalten auf eine aggressive Grundstimmung hin.

Amazone, die durch  Abstellen der Schwanzfedern ihre Stimmung signalisiert.

Neben dem Fliegen, ist auch das Klettern im Geäst eine papageientypische Verhaltensweise. Der Schnabel wird dabei oft als drittes Greiforgan genutzt. Die Gangart der größeren Papageien und Aras ist eher watschelnd, während z.B. Loris und Kakadus eher hüpfen.

Es gibt nur wenige leise Papageienarten, was bei der Anschaffung stets zu beobachten ist. Art- und größenabhängig ist das Stimmvolumen unterschiedlich ausgeprägt. Aras, Kakadus und Amazonen sind sehr laute Tiere, die regelmäßige Schreiorgien veranstalten. Dies ist natürlich, aber der Haltung sicher nicht zuträglich. Auch kleinere Arten können einem durch ständige schrille Lautäußerungen den letzten Nerv rauben, so dass es nicht ausreicht nur auf die Größe eines Tieres zu achten. Wer dies nicht glauben mag, sollte sich einmal einen kleinen Schwarm Unzertrennliche ansehen bzw. anhören.

Neben der Stimme gibt es auch verschiedenen Körpersignale und Verhaltensweise, durch die ein Papagei sich ausdrückt. Gerade größere Tiere sind recht wehrhaft und beißen auch mal, wenn sie sich bedrängt fühlen. Daher ist es wichtig zu lernen, wann ein Papagei seinen Unmut mit Körpersignale ausdrückt.

Zur Körpersprache der Graupapageien gehört z.B. das Aufplustern der Kopf- und Körperfedern, die als Warnsignal zu verstehen sind. In größeren Volieren und bei Gruppenhaltung kommt es u. a. auch zum sogenannten aggressiven Schreiten, bei dem das erregte Tier mit abgestellten Federn quasi „durch den Artgenossen hindurch“ zu laufen droht. In der Regel weicht das so angegangene Tier aus oder fliegt auf einen anderen Ast um dem anrückenden Kontrahenten zu entgehen. Bleibt es stehen, dann kann sich ein mehr oder minder heftiges Schnabelgefecht ergeben oder aber der Aggressor überlegt es sich noch mal und hält letztendlich doch eine gewisse Individualdistanz ein und beschränkt sich darauf, sich mit abgespreiztem Gefieder zur Schau zu stellen und möglichst viel Einruck beim Kontrahenten zu hinterlassen.

Ähnliches kennt man auch von Amazonen. Bei ihnen vergrößern sich die Pupillen ihrer Augen, wenn sie aggressiv sind. Dieses „Blitzen“ mit der meist gelblich orangen Iris bei ruckartiger Erweiterung der Pupillen ist für Artgenossen unmissverständlich und sollte es auch für den Trainer sein. Besonders häufig sieht man dieses Verhalten in der Brutperiode, wenn Amazonen sehr aggressiv auf Volierennachbarn reagieren können. Um den eigenen Gesamteindruck noch zu unterstreichen, werden gleichzeitig die Schwanzfedern und die farbigen Zeichnungen auf den Schwanzfedern vorgezeigt. Meist stellen die Tiere auch die Kopf- und Nackenfedern auf und die Flügel etwas vom Körper ab, so dass sie insgesamt wesentlich größer wirken als sie wirklich sind. Eben ein echtes Imponiergehabe.

Kakadus haben mit ihrer Federhaube am Kopf ein besonderes Signal zur Verfügung. Ein aufgeregter Kakadu stellt seine Haube auf, geht in der Regel auf seiner Sitzstange auf und ab und breitet Flügel und Schwanz aus. Auch hier will der Vogel meist größer und beeindruckender wirken als er eigentlich ist. Lautes Kreischen kann diesen Eindruck noch unterstreichen.

# Papageienhaltung als Kulturgut

Die meisten Papageienarten sind auch heute immer noch Wildtiere, die wir in unsere Wohnungen holen, um uns an Ihnen zu erfreuen. Man bezeichnet diese Vögel dann auch als Heimtiere. Laut dem Online-Lexikon „Wikipedia“ definiert man diese Kategorie wie folgt: *„Heimtiere sind Tiere, die vom Menschen aus unterschiedlichsten Motiven meist in seiner Wohnung oder in sonstigem engen Kontakt mit ihm gehalten werden. Motive für die Haltung von Heimtieren können unterschiedlichster Natur sein: Freude am Tier, Zierde, Interesse an Verhaltensweisen oder Züchtung der Tiere, Ersatz für Sozialpartner oder Spielgefährte für Kinder.“*

Nicht zu verwechseln sind Heimtiere mit den Haustieren. Zu letzteren zählen meist die domestizierten Nutztiere, aber auch Hunde, Katzen und diverse andere Tierarten. Natürlich können auch Haustiere als Heimtier gepflegt werden, und das trifft auf die wenigen domestizierten Papageien, wie z.B. den Wellensittich auch zu.

Papageien gehören zu den beliebtesten Heimtieren unter den Vögeln und man kann ohne Übertreibung sagen, dass der australische Wellensittich hier der absolute Rekordhalter ist. Mehrere Millionen dieser kleinen Sittiche erfreuen Tierhalter auf der ganzen Welt. Jeder der einen Papageien pflegen durfte, wird schnell die wesentlichen Charakterzüge dieser wunderbaren Tropentiere aufzählen können, die sie so beliebt machen. Zweifellos zählt dazu ihre Intelligenz und Gelehrigkeit, potentielle Sprach- und Imitationsbegabung sowie die Tatsache, dass Papageien sehr zahme und anhängliche „Schmusevögel“ sein können. Eigenschaften, die kein anderer Vogel in dieser Ausprägung in sich vereint.

Natürlich können Papageien schon aufgrund ihrer optischen Attraktivität für Begeisterung sorgen.

So ist es keine Überraschung, dass diese sprachbegabten Gefiederten wie auch zahlreiche andere Vogelarten seit historischen Zeiten von Menschen gepflegt und gehegt werden. Vogelhaltung ist daher ein historisch gewachsenes Kulturgut, wie ein Blick in die Geschichtsbücher belegen mag.

Schon die Chinesen der Han-Dynastie ließen bereits 200 vor Christus luftige Bambuskäfige mit kostbaren Futternäpfchen und winzigen Ziervasen aus bemaltem Porzellan, Jade und lackiertem Holz ausstatten. Auch zur Zeit des berühmten Feldherrn Alexander der Große wurden z. B. in Ägypten Papageien gehalten. Ein Verwandter dieser damals gehaltenen Papageienart trägt daher auch heute noch den Namen „Großer Alexandersittich“.

Im antiken Griechenland hielten Wohlhabende Sittiche in Käfigen, um ihnen das Imitieren menschlicher Sprache beizubringen. Der gleichen Beschäftigung gingen später auch römische Edelleute nach. Bei den Römern galten Papageien als eines der wertvollsten Geschenke, das man seiner Geliebten darbieten konnte. Je besser ein Papagei menschliche Sprache nachahmen konnte, desto höher wurde die Wertschätzung für ihn. Zudem hatte jeder vornehme Römer sein Ornithon, in dem bis zu 1000 Vögel beherbergt werden konnten, bis sie dann irgendwann als Delikatesse verspeist wurden.

Im Mittelalter begeisterte sich Kaiser Friedrich II. für die Ornithologie. Er hielt sich kunstvolle Gehege mit Pelikanen, Kranichen, Reihern und seltenen Sumpfvögeln, die er selbst auf Reisen mitführte. In dieser Zeit begann auch der Siegeszug des Kanarienvogels im bürgerlichen Haushalt.

Die im Spätmittelalter und in der frühen Neuzeit bei Fürsten, vor allem aber bei den Päpsten übliche Haltung von Papageien als „adeliges und höfisches Requisit“ setzt diese Tradition der Vogelhaltung fort. Vogelhaltung war zur Zeit Mozarts in Wien ebenso

Papageien nutzen ihre Füße nicht nur zum Klettern, sondern auch als Greiforgane, die sehr gut mit dem kräftigen Schnabel zusammenarbeiten, um wie hier größere Futterbrocken zu bearbeiten.

Mode wie der Verzehr von Vögeln, für den verschiedene Kochrezepte bürgen. Auch die Heilkraft der Tiere wurde immer wieder beschworen.

Verschiedene Beispiele verdeutlichen auch die symbolische Bedeutung, die bestimmten Vögeln zugesprochen wurde und immer noch wird. Die Tauben für Liebe und Beständigkeit, Raben etwa als Boten schlechter Nachrichten oder die Eule als Zeichen der Weisheit. Vogeldarstellungen auf Möbeln und Gebrauchgegenständen wie Trinkgefäßen dokumentieren die Nähe der Vögel zum Menschen, Hutfedern verdeutlichen auch den semantischen Ursprung der entsprechenden Redewendung „sich eine Feder an den Hut stecken“, ebenso wie die Leimrute, mit der Vögel gefangen wurden; noch heute „geht man jemandem auf den Leim“.

Im 19. Jahrhundert nahmen dann Bergleute so genannte Grubenkäfige mit in den Schacht. Verstummten die Vögel, wurde der Sauerstoff knapp, und es gab so einen Warnhinweis für den Aufstieg.

Auch heute werden viele Vogelarten und eben auch Papageien von ausgewiesenen Experten und interessierten Laien gehegt und gepflegt. Eine der berühmtesten Papageiensammlungen kann man im Vogelpark Walsrode besichtigen, wo auch der Schutz der leider oftmals bedrohten Arten vorangetrieben wird. Der Vogelpark ist im Norden Deutschlands gelegen und nach eigenen Angaben der größte der Welt. Rund 350.000 Besucher erkunden pro Jahr das große Gelände mit unzähligen Vogelarten und exotischen Papageien in urwaldähnlichen Schaugehegen, was das ungebrochene Interesse an der Vogelhaltung unterstreicht. Insgesamt sind dort etwa 4000 Vögel aus allen Kontinenten zu sehen.

Wer zu den tropischen Tieren auch das entsprechende Ambiente erleben möchte, besucht wohl irgendwann auch mal die ebenfalls berühmten Papageienparks auf Teneriffa oder Mallorca. Auch zahlreiche Zoos zeigen heute mehr oder minder große Papageiensammlungen, so dass sich der interessierte Laie immer wieder neue Anregung für seine „Heimpapageien“ holen kann.

Es ist leider richtig, dass Papageien häufig bedroht sind und unseres Schutzes bedürfen. Daher gibt es immer wieder spezielle „Tierschützer“, die die Papageienhaltung verteufeln wollen und grundsätzlich ablehnen. Ich finde diese Schwarzweißmalerei wenig hilfreich. Weder gibt es die „goldene Freiheit“ für wilde Papageien, noch ist jeder in Menschenobhut gehaltene Papagei ein bedauernswertes Opfer. Zurückbringen kann man keinen dieser Vögel, aber gut halten schon! Meiner Meinung nach sind es gerade die unzähligen Vogelliebhaber auf der ganzen Welt, die sich heute um den Schutz bedrohter Arten bemühen und nicht zuletzt auch Gelder für ihren Erhalt bereit stellen.

Ferner sind heute Papageien, die in Deutschland angeboten werden, heute allesamt gezüchtet, da es seit 2006 ein Importverbot für Wildfänge in Europa gibt. Wer also Papageien pflegt und heutzutage Tiere erwirbt, kann nicht für die zugegeben grausamen Geschehnisse im internationalen Tierhandel verantwortlich gemacht werden.

Wer sich ernsthaft für Papageien als Heimtier interessiert, sich informiert und seinen Tieren die bestmögliche Pflege zugesteht, wozu auch die paarweise Haltung gehört, der sollte in meinen Augen sein Hobby mit Stolz und aller Freude fürs Tier betreiben. Lassen Sie sich nicht von den zahlreichen Pseudo-Tierfreunden und Möchtegern-Experten angreifen, denn die wissen meist weniger über die Tiere, die sie zu schützen vorgeben, als ein anständiger Vogelhalter! Zurück zur Ausgangsfrage: Warum hält man Papageien? Begeisterung für, Liebe zu und Spaß an diesen speziellen Tieren wären meine persönlichen Antworten, und welche sind Ihre?

# Was kann dabei schief gehen?

Papageien sind Tiere mit speziellen Bedürfnissen und wenn diese nicht erfüllt werden, dann können sie nicht richtig gedeihen. Im schlimmsten Fall sind sie unglücklich oder leiden gar unter den Haltungsbedingungen. Allerdings kann man als Mensch kaum so viel Verständnis für sein Tier entwickeln, dass man sicher entscheiden kann, ob die Grenzen zwischen „normalem" und „gestörtem" Verhalten, und ebenso zwischen „Leiden" und „Wohlbefinden" eines Tieres überschritten wurde; es sei denn in Extremfällen. Doch natürlich wissen wir aus Erfahrung, welche Haltungsbedingungen Papageien sich richtig entwickeln lassen und welche sich eher schädlich auswirken.

Papageien sind sozial lebende Tiere, soviel weiß man, die unter einer Einzelhaltung nicht richtig gedeihen und langfristig Störungen entwickeln können (z.B. Federfressen). Ferner benötigen sie ein ausgewogenes vielseitiges Futter, das sich von Art zu Art unterscheiden kann. Viele Heimpapageien werden z.B. zu energiereich und übertrieben gefüttert, so dass Fettleibigkeit entsteht, die wiederum zu weiteren Folgeerkrankungen führen kann. Wir Menschen kennen das Problem letztlich ja auch.

Beliebte Futtersorten wie Erdnüsse und Sonnenblumenkerne können mit Pilzsporen verseucht sein und somit zur gefürchteten Aspergillose (Pilzinfektion der Atemwege) führen, die Jahr für Jahr zahllose Tiere dahinrafft. Zu wenig Bewegung, insbesondere Flugmangel, ist ein weiterer Faktor, denn oftmals sind die Käfige zu klein oder es wird kein Freiflug im Zimmer gewährt. Dies geschieht oft nur deshalb, weil die Tiere zu wild sind, d.h. eben nicht trainiert wurden.

Viele Nachzuchten stammen heute aus der Handaufzucht, d. h. die Tiere sind zwar zahm und zutraulich, können aber große Schwierigkeiten beim Zusammenleben mit anderen Papageien entwickeln, da sie häufig auf den Menschen geprägt sind. Beim Kauf ist daher auf eine ausreichende Sozialisierung der Tiere zu achten und, dass die Aufzucht so erfolgt ist, dass eine Menschenprägung möglichst ausbleibt oder minimiert ist. Auch der trainierte Papagei braucht irgendwann einen Artgenossen, sonst hält man ihn wider seiner Natur.

Es gibt einige sehr gute Bücher über Papageienhaltung, die Sie bitte im Literaturteil dieses Ratgebers nachschlagen. Anfängern würde ich ein bis zwei gute Ratgeber als Einstiegslektüre empfehlen, die sich allgemein mit Papageienhaltung befassen und dann noch mindestens ein weiteres Buch über die jeweils auserwählte Papageienart. Für die häufiger gehaltenen Tiere gibt es entsprechende Monographien im Buchhandel. Auch das Internet kann eine erste, teilweise hervorragende und kostenlose Informationsquelle darstellen. So vermeidet man die vielen Anfängerfehler und schont die erstandenen Tiere! Eine Liste mit wertvollen Links habe ich im Anhang dieses Buches für Sie zusammengestellt.

Ara beim Fußgebrauch.

# Warum hilft Training meinem Tier glücklicher zu werden?

In Deutschland wurde uns in den letzten Jahren immer wieder ein schlechtes Gewissen eingeredet, wenn es um das Trainieren von Papageien geht. Man solle die Tiere so leben lassen, wie es ihrer Natur entspricht etc. pp. Doch was heißt das? Es kann nicht sein, dass wir Tiere bei uns aufnehmen und nicht alles tun, um ihr Wohlbefinden zu steigern! Eine naturnahe Haltung mag in Zoos oder bei Spezialisten möglich sein, die über riesige Volierenanlagen verfügen. Bei den meisten Tierfreunden, die eben Papageien als Heimtier in der heimischen Stube pflegen wollen, ist diese Haltungsform allerdings unmöglich.

Ist es da nicht besser, Tiere zu halten, die an das Zusammenleben mit dem Menschen gewöhnt sind, und mit denen man sich sinnvoll beschäftigt, anstatt wilde, umherflatternde „Naturtiere“ zu halten, die sich ständig vom Pfleger bedrängt fühlen? Ich meine, dass ein trainierter Papagei glücklicher ist, weil er nicht unter Langeweile leidet, weil er an die Anwesenheit und das Zusammenleben mit dem Menschen gewöhnt ist und nicht zuletzt auch weil er dem Pfleger mehr Freude bereitet und somit schnell zu einem echten Familienmitglied wird.

In der deutschsprachigen Literatur findet man leider kaum Informationen über moderne Trainingsmethoden für Papageien. Im englischsprachigen Raum findet man sogar in wichtigen veterinärmedizinischen Fachbüchern eindeutige Hinweise darauf, dass die häufigen Verhaltensstörungen und -auffälligkeiten bei Stubenpapageien durch gezieltes Verhaltenstraining zu vermeiden sind. Verhaltenstraining für Papageien ist daher keine Spinnerei verrückter Liebhaber, sondern ein wissenschaftlich akzeptiertes Konzept, um Verhaltensstörungen bei daheim gepflegten Tieren zu vermeiden.

## Was ist überhaupt „artgerechtes“ Verhalten?

Auf diesen Punkt möchte ich unbedingt eingehen, da Kritiker des Papageientrainings immer wieder mit Scheinargumenten und haarsträubenden Argumentationsketten gegen das Training sprechen wollen und es fälschlicherweise sogar für Verhaltensauffälligkeiten verantwortlich machen. Dass diese aber gerade bei untrainierten Papageien auftreten, mit denen sich der Pfleger eben nicht ausgiebig beschäftigt, wird dann gerne verschwiegen.

Erst einmal ist es sehr schwierig, fundiert über das „Normalverhalten“ bei Papageien zu sprechen. Dies liegt daran, dass das natürliche Verhalten der meisten Arten in ihrem Lebensraum kaum bekannt ist, ohnehin individuell variiert und zudem allein schon durch die Haltung in Menschenhand vom Freilandverhalten abweichen muss.

Sprechen wir also über die Störungen, die zweifelsfrei zu erkennen sind. Als Verhaltensstörungen bei Papageien nennen Experten u.a. ein gesteigertes Aggressionsverhalten (besonders bei menschengeprägten, handaufgezogenen Vögeln), verlängertes infantiles Gehabe, abnormes Sexualverhalten, Töten des eigenen Nachwuchses und Verhaltensänderungen als Folge von Umweltverlust. Darüber hinaus kann es zu fehlerhaften Verhaltensabläufen im Bereich der Fortpflanzungsbiologie kommen, wie etwa das übersteigerte Partnerfüttern beim Wellensittich oder sexuell motivierte Ersatzhandlungen. Auch das gefürchtete Federrupfen, das allerdings auch auf Mangelerscheinungen zurückgehen kann, ist eine solche Störung.

Zweifellos sind solche dramatischen Verhaltensstörungen nicht mehr mit dem natürlichen Verhalten eines Papageis in Einklang zu bringen. Doch sie kommen vor allem bei einzeln gehaltenen, vernachlässigten Papageien vor, die zudem meist in einer beengten Unterkunft, bei unausgewogener Ernährung „gepflegt“ werden. Wer sich aber täglich mit seinen Tieren beschäftigt, ihnen eine gute Unterkunft und angemessene Nahrung bietet, zudem mit dem Verhaltenstraining gegen Langeweile und Frustration angeht, der wird kaum solche Auffälligkeiten bei seinen Papageien sehen. Im Gegenteil, amerikanische Verhaltenstherapeuten setzen gerade das Training dafür ein, um betroffene Papageien wieder von ihren Verhaltensauffälligkeiten zu befreien. Ich glaube, dass dies genug Argumente sind, die für ein Papageientraining sprechen!

Doch jeder Halter sollte sich mit dem Verhalten seiner Tiere so gut auskennen, dass deutliche Abweichungen erkannt werden. Wie erkenne ich also Verhaltensprobleme bei meinen Tieren?

Das Verhalten eines Papageien ist im Wesentlichen jede Bewegung, die dieser ausführt. Unter Verhalten versteht man in der Regel die Bewegungen, Lautäußerungen und Körperhaltungen eines Tieres sowie diejenigen äußerlich erkennbaren Veränderungen, die der gegenseitigen Verständigung dienen und damit beim jeweiligen Partner ihrerseits Verhaltensweisen auslösen können.

Das Verhalten eines bestimmten Tieres in einer bestimmten Situation wird durch viele verschiedene Faktoren beeinflusst. Dazu gehört seine genetische Ausstattung genauso wie Umwelt, Physiologie, Erfahrung und Erlerntes. Papageienverhalten ist außerordentlich variabel, und es gibt kein „genormtes“ oder „typisches“ Verhalten, vielmehr scheint die Vielfältigkeit auch in verhaltensbestimmenden Eigenschaften sowohl zwischen den Arten als auch interindividuell innerhalb einer Art beachtlich zu sein. Vielleicht ist gerade dies auch Ausdruck ihrer Intelligenz?

Diese „Verhaltensindividualität“ jedes Papageien

ist sowohl von angeborenen Anlagen als auch von Umwelteinflüssen während seiner Jugendentwicklung abhängig. Infolge der vielen Faktoren, die zum Auftreten eines bestimmten Verhaltens in einer bestimmten Situation führen, gibt es auch für das Auftreten von Verhaltensproblemen eine Vielzahl von „Risikofaktoren“. Als Risikofaktoren zählen bestimmte Umstände während der Aufzuchtphase, eine unzureichende Sozialisation mit Artgenossen, das Verhalten des Pflegers, negative Erfahrungen, die im Laufe des Lebens gemacht wurden, sowie körperliche Erkrankungen.

Allerdings ist nicht alles, was vom Halter als störendes Verhalten angesehen wird, wirklich gestörtes Verhalten. Vieles davon gehört zum normalen Verhaltensrepertoir eines Papageien, ist aber bei der Heimtierhaltung unerwünscht. Normales arttypisches, für den Besitzer aber problematisches Verhalten kann z. B. spielerische Aggression gegen Menschen, Zerkauen von Gegenständen, lautes Schreien bei Sonnenauf- und -untergang, Aggression und Territorialverhalten zwischen Volierengenossen, hoher Bewegungsdrang in kleinen Käfigen, der mit Unruhezuständen verwechselt wird, und ähnliches sein.

Verhaltensänderungen können durch jeden der genannten Einflüsse auf das Verhalten entstehen. Das Verhalten eines Papageien ist keine statische Größe, sondern befindet sich ständig „im Fluss“. Jeder der genannten inneren und äußeren Faktoren beeinflusst das Verhalten eines Tieres und kann daher auch eine Verhaltensanpassung bedingen. Tierärzte, Tierbesitzer und Menschen, die mit Tieren arbeiten, sehen häufig Verhaltensveränderungen als Indikator einer Erkrankung an. Tiere, die akut an einer Infektion erkrankt sind, werden typischerweise als depressiv oder lethargisch mit wenig Interesse an der Wasser- oder Nahrungsaufnahme beschrieben.

Es gibt sehr viele verschiedene Definitionen von Verhaltensauffälligkeiten. Eine Verhaltensstörung ist letztlich eine Verhaltensanomalie und wird definiert als jedes von der Norm abweichende Verhalten. Dieser Begriff ist allerdings nur von sehr begrenztem Wert, da es ziemlich unmöglich ist, festzustellen, welches Merkmal noch innerhalb des „normalen“ Verhaltensrepertoires einer Tierart liegt, wie bereits erwähnt wurde. Zu den Verhaltensstörungen gehören neben aktuellen, z.B. krankheitsbedingten, Veränderungen u.a. Fixierungen auf ein falsches Objekt, durch das Ausbleiben bestimmter sozialer Reize bedingte Fehlentwicklungen und durch unnatürliche Umweltbedingungen hervorgerufene zwanghafte Bewegungen. Abnormales Verhalten wird oft synonym verwendet mit unangemessenem und außerhalb eines bestimmten Kontextes stehendem Verhalten. Das Verhalten eines Tieres kann dann als gestört gelten, wenn es das Individuum selbst, seinen Sozialverband oder seine Art schädigt, oder aber wenn es auf Grund von äußeren Schädigungen oder nachteiligen Einflüssen auftritt, ohne den Organismus gegen sie zu schützen.

Kakadus spielen mit dem Schnürsenkel ihres Pflegers.

# Wie gut ist die Beziehung zwischen Mensch und Papagei?

Papageien faszinieren uns Menschen doch vor allem deshalb, weil sie zu uns eine echte Beziehung aufbauen und somit einem „gefiederten Hund“ nicht unähnlich sind. Bunte Vögel gibt es viele auf der Welt, doch nur wenige gelangten zu einer solchen Popularität wie die Krummschnäbel.

Papageien können sehr gut verschiedene Personen unterscheiden und erkennen ihren Pfleger sofort. Eigentümlicherweise sind manche Papageien mehr auf Frauen, andere wieder eher auf Männer geprägt. Das hat jedoch nichts mit dem Geschlecht des Vogels zu tun, wie häufig angenommen wird, sondern ist einfach Ausdruck einer individuellen Bevorzugung.

Natürlich handelt es sich bei den meisten Papageien um Wildtiere und da ist auch schon der wesentliche Unterschied zu einem Hund, der sich ja über unzählige Generationen an das Zusammenleben mit dem Menschen anpassen konnte. Die Papageien leben aber erst seit wenigen Generationen mit uns unter einem Dach und daher ist vielmehr Rücksicht auf ihre Bedürfnisse zu nehmen. Sie sind Wildtiere, die noch vollständig ihre natürlichen Instinkte und Verhaltensweisen ausleben müssen, um glücklich zu sein.

Dies ist aber kein Widerspruch zum Training, denn auch Wildtiere können sich schnell an die Präsenz des Menschen gewöhnen. Man denke in diesem Zusammenhang nur einmal an die freiliegenden Loris in australischen Parks, die sich teilweise aus der Hand füttern lassen. Das Wildtier Papagei ist intelligent genug, um schnell zu lernen, dass ihm vom Pfleger keine Gefahr droht, sondern im Gegenteil Nahrung und Aufmerksamkeit. Hat der Papagei keine Angst mehr vom Pfleger, kann er behutsam trainiert werden, um die Beziehung zu verfestigen.

Zurück zur Tier-Mensch-Beziehung am Beispiel des Wellensittichs. Dieser pfiffige Australier ist mit schätzungsweise weit über 50 Millionen Exemplaren weltweit der am häufigsten gepflegte Papagei überhaupt. Etwa 1840 wurde dieser kleine Sittich von seiner Heimat Australien aus nach Europa gebracht, dort wenig später erfolgreich gezüchtet und seitdem gehalten. Der Wellensittich gilt heute als domestiziert, d. h. er ist somit eines der jüngsten Haustiere des Menschen.

Warum hatte dieses Tier einen solchen Erfolg? Neben seinem drolligen Aussehen kommen hier wohl noch sein aktives Verhalten, seine Anhänglichkeit und vor allem seine Sprechbegabung in Verbindung mit der variablen Farbenpracht seines Gefieders in Betracht. Hinzu kommt wohl, dass Wellensittiche sehr gut zu halten und zu vermehren sind und aufgrund ihrer geringen Größe auch nicht zu viel Platz in Anspruch nehmen.

Manche Autoren vermuten gar, dass sich Papageienhalter von ihren Tieren so angezogen fühlen, weil der Mensch viele Ähnlichkeiten des Papageien zu seiner eigenen Art erkennt. Dazu gehören Ähnlichkeiten der Gestalt (Kopf, Hals, Rumpf, zwei obere und zwei untere Extremitäten), der Sinneswahrnehmung (die starke Betonung des Sehens und Hörens), der Kommunikation (durch Laute und Gesten), des Sozialverhaltens (partnerschaftliches Verhalten, Zärtlichkeit, Einehe).

Vor allem aber die Tatsache, dass die meisten Papageien einen eigenen Charakter, ja gar eine eigene Persönlichkeit zu haben scheinen, hebt sie von anderen Vögeln ab. Papageien werden aufgrund ihrer Charakterzüge in ihren Familien schnell zu Kommunikationspartnern, vermitteln Wärme, Zuneigung, Liebe, sind Spielgefährten, Bezugsobjekte und nicht zuletzt Repräsentanten einer verloren gegangenen, zerstörten Natur.

Wie eng und hilfreich die enge Beziehung zu Papageien werden kann wird deutlich, wenn Papageien (z.B. Wellensittiche) als Co-Therapeuten in der Psychotherapie oder als Beschäftigungsmaßnahme in Seniorenheimen eingesetzt werden. Bei einer Untersuchung in einem Seniorenheim zeigten Altenheimbewohner, denen ein Wellensittich zur Pflege überlassen worden war, eine deutliche Steigerung ihres Lebensgefühls und ihrer Lebensqualität. Nach Angaben der Senioren brachten die Wellensittiche Ablenkung von Alltagsproblemen wie Krankheit oder Langeweile, Anregung zur Unterhaltung und Zerstreuung, Vermittlung von Lebensglück, Alltagsfreude, Lebenssinn und Heiterkeit. Auch die Übernahme von Verantwortung für ein Geschöpf, Stimulation zu einer vorurteilsfreien, unvoreingenommenen Konversation, erneutes Erleben von Freundschaft, Partnerschaft und Sicherheit und ein Rückgang des Gefühls von Einsamkeit kam durch die Sittiche zustande.

Papageien fühlen sich am wohlsten, wenn sie mit anderen Papageien zusammen gehalten werden.

# Die Kommunikation zwischen Mensch und Papagei

Die Verständigung zwischen Mensch und Papagei gelingt nur dann, wenn wir die Ausdrucksmöglichkeiten des Tieres kennen und wissen, wie wir mit ihm in Kontakt, „ins Gespräch kommen“ können. Dazu muss man sich ausgiebig mit dem Verhalten der gehaltenen Papageienart auseinandersetzen und vor allem viel beobachten.

Der verbale und nonverbale Dialog zwischen Mensch und Tier ist Ausdruck unseres Respekts und unserer Zuneigung gegenüber dem gehaltenen Papagei. Daher ist eine einfühlsame Kommunikation mit den Krummschnäbeln Grundlage eines jeden erfolgversprechenden Trainingsansatzes, ja sogar zentraler Bestandteil jedes artgerechten Umgangs mit Tieren.

Erfolgreiches Training ist stets das Resultat von Beobachten und gelungener Kommunikation zwischen Tier und Mensch. Bei jeder Trainingssitzung interagieren Sie mit Ihrem Vogel und es findet eine Kommunikation zwischen beiden Trainingspartnern statt. Sie sagen oder zeigen dem Vogel, was Sie gerne von ihm hätten, und er versucht sich Ihnen mitzuteilen. Da Sie und Ihr Vogel aber unterschiedliche Sprachen sprechen, fällt die Kommunikation zwischen Mensch und Papagei nicht selten sehr schwer und ist geprägt von Missverständnissen.

Schnell wird dem Papagei eine negativ besetzte Charaktereigenschaft zugesprochen, wenn es mit dem Training nicht klappen will, etwa dass er den menschlichen Pfleger dominieren wolle. Tatsache ist aber vielmehr, dass man aneinander vorbei kommuniziert. Die meisten Papageienarten kommen in freier Wildbahn ohne strikte Rangordnungen oder ähnliches aus, so dass es dem Vogel eher fremd ist,

VERHALTEN

| STIMULUS | Zunahme | Abnahme |
| --- | --- | --- |
| Präsentiert | 1<br>Positive Verstärkung | 2<br>Bestrafung (Typ I) |
| Weggenommen oder Weggelassen | 3<br>Negative Verstärkung (Vermeidung) | 4<br>Negative Bestrafung (Typ II) (Entzug) |

Ein 4-Felder-Schema, das jeweils zwei Arten von Verstärkung und Bestrafung darstellt (nach: J. E. Mazur, Lernen und Gedächtnis, Pearson Studium Verlag 2004).

jemanden dominieren zu wollen. Er denkt eben anders und versteht somit nicht, was der Trainer von ihm will. Dieser wiederum kennt das arttypische Verhalten eines Papageis oft nicht gut genug, um die richtigen Schlüsse zu ziehen und interpretiert bestimmte Verhaltensweisen einfach fehl.

Ein Beispiel: Sie wollen dem Vogel beibringen von einem Ast auf Ihre Hand zu klettern. Aus Ihrer Sicht das Normalste auf der Welt, schließlich wollen Sie dem Tier ja nur Gutes und wollen den Trainingserfolg anschließend mit einer Futterbelohnung krönen. Der Vogel zögert aber, denn er hat in der Vergangenheit eventuell gelernt, dass Sie ihn zurück in den Käfig bringen, wenn er auf Ihre Hand klettert, und dazu hat er gerade eben wenig Lust. Er verknüpft mit dem „auf die Hand kommen" dann eine andere Konsequenz als Sie es tun.

Beim Training müssen Sie sich also stets die Frage stellen, warum der Vogel dieses oder jenes Verhalten gerade zeigen sollte, und zwar nicht aus Ihrer Sicht, sondern aus seiner Sicht. Diese Empathie oder „sich in den Vogel hineinversetzen" hilft Ihnen, die richtigen Trainingsziele zu setzen und ferner, die richtige Motivationslage zu erzeugen.

Die Kommunikation zwischen Papagei und Mensch erfolgt auf viele verschieden Arten und nicht immer ist es für uns Menschen leicht, die Gedanken und Stimmungen der Gefiederten zu verstehen. Papageien kommunizieren vor allem über ihr Verhalten (Körpersprache), aber auch über akustische und optische Signale, und diese gilt es zu verstehen.

Die erfolgreichsten Papageientrainer zeichnen sich vor allem dadurch aus, dass sie auch kleinste Nuancen des Papageienverhaltens erkennen und richtig deuten können und somit in der Lage sind, ihr Training auf die aktuelle Stimmungslage ihrer Tiere abzustimmen.

# Wie lernt ein Papagei?

Eine einleitende Anekdote: Der berühmte Biologe Karl von Frisch hielt einen Sittich, den er gelegentlich frei im Zimmer umherfliegen ließ, was der Vogel offensichtlich gern mochte. Um die Beschmutzung des Zimmers in Grenzen zu halten, ließ v. Frisch den Sittich einige Male dann frei, wenn er gerade seinen Kot abgegeben hatte. Der Vogel bemühte sich daraufhin, sobald v. Frisch an den Käfig trat, Kot abzugeben. Dabei vollführte er oft erstaunliche Verrenkungen, wenn er dazu nicht sofort in der Lage war.

Wie das Beispiel verdeutlicht, sind Papageien gelehrige Tiere, die schnell Vorteile für sich erkennen und entsprechend reagieren können. Wenn man ein Papagei trainieren will, nutzt man ja letztlich diese Gelehrigkeit aus, um ihn zu bestimmten Verhaltensweisen zu veranlassen. Allerdings muss man verschiedene Arten von Lernen unterscheiden, denn im Laufe des Papageienlebens gibt es verschiedene Lernprozesse, die seine „Persönlichkeit“ formen.

Nachfolgend seien die wichtigsten Lernformen zusammengefasst.

## Prägung

Laut der Verhaltensforschung sind Prägungen obligatorische Lernvorgänge während einer sensiblen Phase der Entwicklung. Sie erfolgen im Hinblick auf einen bestimmten Funktionskreis zu einem Zeitpunkt, zu dem die Instinkthandlung, der sie zugeordnet sind, noch nicht ausgereift sein muss. Nach Beendigung der sensiblen Phase ist ein Umlernen nicht mehr möglich bzw. erschwert.

Das Phänomen der Prägung wurde erstmalig von Nobelpreisträger Konrad Lorenz an frisch ausgebrüteten Graugansküken untersucht. Das erste Lebewesen, das sich bewegt und Töne von sich gibt, löst bei einem gerade geschlüpften Graugansküken eine

Nachfolgereaktion verbunden mit Grußlauten als Signale des Wohlbefindens aus. Fehlt die Mutter, kann ein anderes Objekt prägend wirken. Es entsteht eine irreversible Fehlprägung. Bei der Nachfolgeprägung auf ein natürliches Muttertier, lernen die Küken zunächst allgemeine, dann aber auch individuelle Merkmale der Mutter.

Eine solche Nachlaufprägung gibt es bei Papageien zwar nicht, doch kann davon ausgegangen werden, dass handaufgezogene Papageien, insbesondere, wenn dies isoliert von Artgenossen geschieht, durch Prägungsvorgängen in ihrem späteren Fortpflanzungsverhalten beeinträchtigt werden. Durch Versuche an Nymphensittichen und Agaporniden konnte man zeigen, dass eine sexuelle Fehlprägung von Papageien möglich ist, die dann dazu führt, dass sich diese Tiere später gar nicht mehr oder nur mit geringem Erfolg verpaaren und vermehren lassen.

Hinzu kommen zahlreiche Erfahrungsberichte, die dies auch für andere Großpapageien wie Graupapageien, Aras, Kakadus oder Amazonen vermuten lassen. Gerade Handaufzuchten können bei Geschlechtsreife zu Problemvögeln werden, wenn bei ihrer Aufzucht die Sozialisation mit Artgenossen vernachlässigt wurde.

## Lernen durch gute Erfahrungen

Gute Erfahrungen, die zufällig in einer bestimmten Situation bzw. beim zufälligen Ausführen einer bestimmten Aktion gemacht werden, führen ganz allgemein zu Verhaltensänderungen, die sich im gezielten, wiederholten Aufsuchen der Situation bzw. der Wiederholung der betreffenden Aktion äußern, sobald der Antrieb dazu genügend groß ist.

„Gute Erfahrungen“ sind dabei meist Gelegenheiten zur Ausführung instinktiver Handlungen, z.B. zur Nahrungsaufnahme. So lässt sich dann auch durch gezielte Fütterung ein bestimmter Lernvorgang herbeiführen, den man auch als Futter-Belohnungs-Dressur bezeichnet.

## Lernen am Erfolg

Erfolgt in einer ursprünglich neutralen Reizsituation eine Belohnung, so wird der ursprünglich neutrale Reiz mit dem unbedingten Reiz (also z.B. dem Futter) verknüpft.

Dies macht man sich z. B. beim Klickertraining zunutze. Hier wird das Klicken, ein ursprünglich neutraler Reiz, zum bedingten Reiz, indem nach erfolgter Handlung den „Klick" auslöst und dann das Tier mit Futter belohnt. Nach ausreichendem Training mit und später auch ohne Futterbelohnung wird das Tier bei entsprechender Handlungsbereitschaft diesen Reiz suchen. Gelernt wird also ein neues Reizmuster!

Allgemein spricht man bei Lernvorgängen, bei denen ein ursprünglich neutraler Reiz zum neuen Auslöser einer Verhaltensweise wird, von klassischer Konditionierung oder Dressur auf ein Reizmuster. Den neutralen Reiz nennt man auch unkonditioniert, den bedingten auch konditioniert.

## Bedingte Aktion

Wird ein zufälliges Verhalten belohnt, so wird dieses Verhalten mit der Senkung der Handlungsbereitschaft verknüpft. In Zukunft wird das Tier bei entsprechender Handlungsbereitschaft diese Aktion durchführen. Gelernt wird also eine neue Verhaltensweise!

Allgemein spricht man bei Lernvorgängen, bei denen Aktionen durch Belohnung verstärkt werden, von operanter oder instrumentaler Konditionierung.

Auch dieses Element wird beim Klickertraining genutzt.

In natürlichen Lernsituationen sind bedingte Appetenz und bedingte Aktion mit einander gekoppelt. Gelernt werden also ein neues Reizmuster und eine neue Verhaltensweise! Eine klassische Anwendung ist die Dressur in so genannten Skinner-Käfigen, das sind Einrichtungen, in denen ein Tier durch Picken auf eine Scheibe oder durch Drücken eines Hebels die Belohnung aus einem Futterautomaten selbst auslöst und die erzielten Lernerfolge automatisch registriert werden.

## Verstärkung

Belohnung ist im eigentlichen Sinne, die Senkung der Handlungsbereitschaft durch das Ausführen der entsprechenden Verhaltensweise. Wird zusätzlich z.B. noch ein Futterhappen gegeben, so spricht man von positiver Verstärkung (engl.= positive reinforcement).

## Extinktion

Eine Verstärkung, die zu spät nach dem erstrebten Verhalten geboten wird, bleibt meist wirkungslos. Das optimale Zeitintervall beträgt 0,5 – 3 s. Wird eine Handlung, die durch Belohnung erlernt wurde, nicht mehr weiter belohnt, so wird sie seltener und schließlich gar nicht mehr ausgeführt. Es kommt zu einer Auslöschung oder Extinktion, d. h. ein aktiver Hemmvorgang, bei dem die entstandene Verknüpfung zwischen Verhalten und Handlungsbereitschaft wieder gelöscht wird.

## Lernen durch schlechte Erfahrungen

Die ursprüngliche Handlungsbereitschaft wird nicht gesenkt, sondern eine andere Handlungsbereitschaft (z.B. Flucht) wird erhöht, eine Strafe wirkt hier als negative Verstärkung.

## Erkunden und Spielen

Erkundungsverhalten dient dem Kennenlernen von Gegebenheiten der Umwelt, z. B. der Lage des Nestortes im Raum. Neugier kann als Erkundungsantrieb angesehen werden, der auf ein bestimmtes Ziel ausgerichtet ist, z. B. auf die Untersuchung eines neu entdeckten Gegenstandes.

Spielverhalten als Gegensatz zu Ernstverhalten findet man außer beim Menschen im Wesentlichen nur bei Säugetieren und einigen Vögeln. Im Spiel können verschiedene angeborene Verhaltensweisen wie Aggressions- und Fluchtverhalten, aber auch verschiedene erlernte Verhaltensweisen, die sich im Ernstfall gegenseitig ausschließen, frei miteinander kombiniert werden.

Im Gegensatz zur raschen Ermüdbarkeit von Instinkthandlungen sind häufige Wiederholungen für das Spiel typisch. Spielverhalten wird durch andere Motivationen wie z. B. Angst, Hunger, oder Schlafbedürfnis leicht gehemmt. Es entfaltet sich nur dann, wenn sich die Tiere wohl fühlen. Spielverhalten ist offen für die verschiedensten anregenden Außenreize.

Die Bedeutung von Spielen und Erkunden liegt darin, dass die Tiere Erfahrungen sammeln und durch Nachahmung übernehmen und dass sie angeborene und erworbene Fähigkeiten erproben, verbessern, einüben und neu kombinieren. Spielverhalten schafft Erfahrungen, die zur Grundlage für einsichtiges Verhalten werden können.

# Spielen Papageien?

Das Spielverhalten eines Tieres ist in hohem Maße von seinem Drang zur Tätigkeit und dem gesundheitlichen Zustand abhängig. Das Maß und die Ausprägung dieser Verhaltensweisen variiert von Individuum zu Individuum, lassen sich aber normalerweise bei allen Papageienarten feststellen.

Vor allem in Menschenobhut gehaltene Großpapageien neigen zu einem besonders intensiven Spielverhalten. So werden nicht selten alle Bestandteile des Käfiginventars untersucht, benagt und auseinander genommen, so dass sie regelmäßig zu erneuern sind. Die beiden beweglichen Füße und der damit gut harmonierende Schnabel erlauben es den Papageien, alle erdenklichen Gegenstände zu bewegen, aufzudrehen, zu benagen etc., so dass dem ausgeprägten Spieltrieb dieser Vögel kaum Grenzen gesetzt sind.

Nicht selten kann man in Verbindung mit dem Spielverhalten bei Papageien den Gebrauch von „Werkzeug“ beobachten. So werden von einigen Exemplaren (z. B. manchen Kakadus und Graupapageien) die unterschiedlichsten Gegenstände benutzt, um sich an normalerweise unerreichbaren Stellen kratzen zu können. Wenige Exemplare beherrschen es sogar, sich selbst solche Hilfsmittel zu „basteln“, indem sie z. B. Rindenstücke von Zweigen abnagen und zum Kraulen verwenden.

Unter ,,Spielen“ versteht man Verhaltensweisen, die eigentlich aus einem anderen Zusammenhang, z. B. dem Nahrungserwerb stammen und in einer Situation durchgeführt werden, in der sie oft nur wenig Sinn ergeben. Man gewinnt häufig den Eindruck, dass die Handlung zum ,,Spaß“ erfolgt. Tatsächlich steigert Spielen in jeglicher Form das Wohlbefinden eines Tieres. Das Spielverhalten ist keine Frage des Alters, dennoch ist zu verzeichnen, dass die meisten höher entwickelten Arten während einer bestimmten Periode der Jugendentwicklung ein besonders ausgeprägtes Spielverhalten zeigen.

Man unterscheidet in der Regel Einzel- und Sozialspiele, wobei letztere bei den gesellig lebenden Papageienarten eine besondere Aufgabe erfüllen. Die umfangreichen Kampf-, Sexual-, Jagd- und Versteckspiele, die u. a. bei Keas untersucht wurden, helfen dem Vogel, sich in sozialen Verhaltensweisen zu üben und diese zu optimieren. Des Weiteren bietet das Spiel eine sinnvolle Gelegenheit, dem eigenen Bewegungsbedürfnis nachzugeben.

Nicht immer lassen sich Spielverhalten deutlich von anderen Verhaltenselementen unterscheiden. Erschwerend kommt hinzu, dass eine Vielzahl von Verhaltensweisen bei Papageien noch nicht untersucht wurde und somit kaum zufrieden stellend zu deuten ist. So liegen z. B. über das Sexualspiel bei Papageien nur von den neuseeländischen Keas einige Erkenntnisse vor.

Kennzeichnend für viele dieser Verhaltensweisen, vor allem für die so genannten Bewegungsspiele, ist deren übertriebene Ausführung. In der Regel werden zum Spielen erreichbare Gegenstände verwendet. Allerdings gibt es auch Beobachtungen an Goffin-Kakadus, die geradezu artistische Flugspiele im Zimmer vorführen, wenn sie zum Freiflug aus ihrer Unterkunft gelassen werden.

Den Sozialspielen gehen bei vielen Papageien so genannte Initialspiele voraus, mit denen versucht wird, den Artgenossen zum „Mitspielen“ zu animieren. Die wohl häufigste Form des Sozialspiels sind die so genannten Kampfspiele. Diese spielerisch ausgeführten Schnabel- und Fußgefechte werden von manchen Exemplaren so heftig vorgeführt, dass der Beobachter nicht selten Zweifel hegt, ob es sich tatsächlich nur um einen Scheinkampf handelt. In der Regel besteht aber kaum ein Grund zur Besorgnis, da bei diesem Sozialverhalten Hemmungen des ernsthaften „Waffengebrauchs“ wirksam sind, die Verletzungen verhindern. Diese Hemmungen werden vor allem dadurch deutlich, dass während solcher „Kämpfe“ nie wirklich zugebissen wird, obwohl sich vielfache Gelegenheiten dazu ergeben. Heftig ausgeführte Kampfspiele sind meist von kürzerer Dauer.

Wie bereits erwähnt, tritt ein Spielverhalten in der Regel nur bei Tieren auf, die in einem einwandfreien Gesundheitszustand sind. Dies ist wohl darauf zurückzuführen, dass nur gesunde und gut ernährte Tiere ausreichend ,,Energie“ aufweisen können, die zum Spielen benötigt wird.

Blaustirnamazonen zählen zu den beliebtesten Papageien.

# Welche Trainingsmethoden kann ich bei Papageien anwenden?

Heutzutage trainiert man Tiere, also auch Papageien allgemein durch positive Bestärkung mittels Belohnung. Fachleute sprechen von der operanten Konditionierung. Diese geht vor allem auf den amerikanischen Wissenschaftler Burrhus Frederic Skinner zurück, der in den Vierziger Jahren des zwanzigsten Jahrhunderts entsprechende Tierversuche mit Tauben und Ratten durchführte.

Im klassischen Versuchsaufbau kann sich das Versuchstier durch Drücken eines Hebels Futter beschaffen. Die Belohnungsgabe (Futter, Wasser) erfolgt nur unter bestimmten Bedingungen, die das Versuchstier zu erlernen hat.

Beim operanten Konditionieren lassen sich Stimulus und Reaktion unterscheiden. Mit Stimulus ist letztlich die klassische Konditionierung gemeint, bei dem bereits vorhandene Reaktionen auf neue Reizbedingungen konditioniert werden, die diese Reaktionen dann fast automatisch auslösen. Das Tier erlernt also neue Auslösebedingungen.

Bei der Reaktion geht es um das Entstehen und Verändern willkürlich und freiwillig ausgeübter Verhaltensweisen aufgrund von Reizen, die dem Verhalten folgen (Verstärkung oder englisch „positive reinforcement“). Das Grundprinzip ist das Bekräftigungslernen. Durch die planmäßige Gestaltung der Folgen einer Handlung wird die Wahrscheinlichkeit erhöht, mit der ein Tier dieses Verhalten zeigt. Wenn die Verknüpfung von Reiz und Reaktion einen Zustand der Befriedigung (verstärkender Effekt) für das Individuum darstellt, wird die Verknüpfung gestärkt.

Wesentlich für die Verstärkung ist die Kontingenz, d.h. es muss eine Korrelation zwischen Verhalten und Verstärker bestehen. Es darf keine Verstärkung erfolgen, wenn das Verhalten nicht auftritt!

Vereinfacht gesagt bedeutet positive Bestärkung folgendes: Wenn ein Organismus ein Verhalten zeigt und darauf hin eine angenehme Antwort folgt, so wird dieses Verhaltens öfter gezeigt. Man erzielt den gewünschten „Trainingseffekt".

Im Gegensatz dazu zieht der Effekt einer Nichtbefriedigung eine Schwächung der Verknüpfung nach sich. Unter einem Verstärker versteht man jeden dem Verhalten folgenden Stimulus, der die Verhaltenshäufigkeit steigert.

Bei der Bestrafung, die sich für die Tierhaltung grundsätzlich verbietet, verhält es sich umgekehrt. Unter einer Bestrafung versteht man jeden dem Verhalten folgenden Stimulus, der die Verhaltenshäufigkeit mindert. Wenn Ihr Papagei beim Training ein unerwünschtes Verhalten zeigt, dann folgt zwar keine Belohnung aber auch keinesfalls eine Strafe. Ihr Tier signalisiert Ihnen lediglich, dass Sie mit dem Training zu schnell vorgegangen sind. Machen Sie es einfacher, damit Sie wieder mehr belohnen können und es werden sich schnell Erfolge einstellen.

Wesentlicher Bestandteil von Skinners operanten Konditionierung ist das „shaping" oder zu Deutsch das Formen von Verhaltensweisen. So wird zum Beispiel einer Ratte beigebracht, dass das Drücken eines Hebels in einem Skinner-Käfig die Gabe von Futter bedeutet.

Dabei wird anfänglich jedes zum gewünschten Verhalten ähnliche Verhalten mit Futter belohnt. Mit der Zeit schränkt man die Belohnung nur noch auf sehr ähnliche Verhaltensweisen ein, bis schließlich das Tier per Zufall den Hebel drückt; ab sofort wird nur noch dieses Verhalten belohnt. Wieder nach einer gewissen Zeit lernt das Tier, dass das Drücken des Hebels mit einer Futtergabe verbunden ist; nachdem dies gelernt worden ist, drückt das Tier wie verrückt auf diesen Hebel, oder anders ausgedrückt, es wurde operant konditioniert.

Auf diese Weise kann man fast jegliches gewünschtes Verhalten konditionieren, sofern man genug Zeit und Geduld dafür aufbringt.

In Bezug auf die Papageien soll durch das Training und den damit verbundenen Lernprozess erreicht werden, dass nutzloses Verhalten seltener auftritt und nützliches Verhalten häufiger gezeigt wird.

Dies erreicht man am ehesten dadurch, dass man die wünschenswerten Verhaltensweisen (z.B. freiwillig in den Käfig zurückgehen) belohnt, gleichzeitig aber negative Verhaltensweisen ignoriert, und nicht etwa bestraft!

Ein Beispiel: Ein Papagei sitzt in seinem Käfig und der Pfleger hält seine Hand in den Käfig hinein, ganz so als ob sie Bestandteil des Käfiginventars wäre. Irgendwann klettert der Papagei aus freien Stücken im Käfig umher und nähert sich der Hand. Später, wenn er merkt, dass ihm keine Gefahr droht, nutzt er die Hand ebenso wie einen Kletterast und setzt sich darauf. Der Pfleger reagiert auf dieses Verhalten positiv und belohnt den Vogel dafür, z. B. durch einen kleinen Leckerbissen und eine mündliche Belobigung „Gut gemacht!“.

Der Papagei erkennt, dass die positive Reaktion in Beziehung zu seinem „Sich auf die Hand setzen“ steht. Irgendwann entscheidet er sich dazu, die Handlung zu wiederholen. Das für den Krummschnabel zunächst neutrale Verhalten bekommt aufgrund der Reaktion der menschlichen Bezugsperson eine positive Bewertung. Der Vogel wiederholt freiwillig seine Handlung.

Der Mensch muss dieses Verhalten nur noch an bestimmte Situationen binden. Dies könnte z.B. das Hinhalten der Hand sein als Aufforderung nach dem Motto „Komm, Vogel, setze dich hin!“.

Wir nutzen also eine positive Bestärkung, um die Häufigkeit von erwünschtem Verhalten zu steigern, die letztlich den Umgang mit dem Tier erleichtern, ihm eine sinnvolle Beschäftigung geben und somit sein Wohlbefinden erhöhen kann. Um das Verhalten des Tieres in sinnvolle Bahnen zu lenken, verstärken wir nur richtige Reaktionen (Gutes belohnen), während wir nicht richtige eben nicht verstärkt werden (Schlechtes ignorieren), so dass unser Papagei lernen kann, welche Reaktion Verstärkung erfährt und welche nicht.

Wenn der Papagei die gewünschte Verhaltensweise beherrscht, ist die kontinuierliche Verstärkung nicht mehr erforderlich. Dann wird intermittierend belohnt, d. h., dass z. B.nicht jeder gewünschten Verhaltensweise die positive Bestärkung folgt, sondern in unregelmäßigen Zeitabständen.

So viel zur Theorie, doch wir wissen, und daher lieben wir unsere Papageien ja so, dass jeder Vogel einen eigenen Charakter hat. Für das Training be-

Solche handelsüblichen Klicker werden zum Training von Hunden, Pferden, aber auch Papageien und anderen Vogelarten verwendet.

deutet dies, dass es nicht mit jedem Tier gleich schnell beim Lernen voran geht und jedes Tier den gleichen Level an Zielverhalten erreichen wird. Dies müssen wir bei allem Ehrgeiz immer bedenken.

Wenn wir ein Tier überfordern, dann zerstören wir jegliche Chance sein Verhalten zu beeinflussen, da es dann keinerlei Lernmotivation mehr hat.

Wie schon unter dem Abschnitt Spielverhalten beschrieben, müssen die Tiere sich wohlfühlen, gesund und in Trainingsstimmung sein. Ein scheuer Papagei, der kreischend vor seinem Pfleger flüchtet, wird sich sicher nicht durch das Hinhalten eines „Leckerlis" positiv bestärkt fühlen. Bei ihm muss man erst einmal erreichen, dass er die Präsenz des Tierpflegers überhaupt duldet. Ist dies erreicht, sollte man trainieren, dass man ohne Panik auszulösen in seinem Käfig hantiert (z.B. beim Füttern und der Reinigung). Erst dann macht es Sinn, zu versuchen, ihn handzahm zu bekommen, z. B. indem man mit ihm übt, aus der Hand zu fressen usw. usf.

Wir müssen uns demnach darauf konzentrieren, eine positive Lernerfahrung für unseren Papageien zu gestalten und aufrecht zu erhalten. Wenn ein Trainer eine Umgebung schafft, in der dem Tier das Lernen Spaß macht, lässt sich Verhalten mit größerer Leichtigkeit erreichen. Auf diese Weise kann das Verhaltensrepertoire eines Tieres ohne Nebenwirkungen wachsen und das Trainingsprogramm verläuft erfolgreicher.

Was ist diesbezüglich zu beachten? Zunächst einmal darf uns die Geschwindigkeit des Lernvorgangs nicht wichtig sein, sondern lediglich der erzielte Erfolg bei der Kommunikation mit dem zu trainierenden Tier. Das Training wird so aufgebaut, dass es so viele kleine Schritte enthält wie eben für das jeweilige Tier nötig sind. Ferner sind die Trainingseinheiten so strukturiert, dass sie nahtlos und logisch zum nächsten Schritt führen, ohne das Tier zu überfordern. Nur so lassen sich auf Dauer Erfolge erzielen und Misserfolge vermeiden. Wiederholung schafft Vertrauen beim Tier, denn es lernt, was von ihm erwartet wird und wofür es wiederum seine Belohnung erhält.

Man sollte nie vergessen, dass nicht nur das Tier zu lernen hat, sondern auch der Tiertrainer, der mit jedem Trainingstag mehr über seinen Papageien erfährt und so eine intensive Beziehung zu ihm aufbauen kann.

Wenn Tier und Trainer sich als Gewinner fühlen, dann ist das Training erfolgreich, auch wenn es mit den Kunststückchen nicht auf Anhieb klappen sollte!

Theoretisch können alle Papageien mit dem Klicker trainiert werden. Es hängt letztendlich von den individuellen Eigenschaften der Tiere ab, wie erfolgversprechend ein Training ist. Wichtige Voraussetzung ist eine ausreichende Gewöhnung an den Menschen.

# Die Sache mit dem „Klick“

Eine besonders Erfolg versprechende Methode, Papageien zu bestimmten Verhaltensweisen anzuregen, stellt das sogenannte Klickertraining dar. Hier bedient man sich den bisher geschilderten, wissenschaftlichen belegten Abläufen, um durch positive Bestärkung Papageien zu trainieren und gewünschte Verhaltensweisen zu fördern.

Ein Klicker ist ein kleiner Signalgeber, der für wenig Geld im Tierhandel erhältlich ist. Man erzeugt mit ihm ein gleich bleibendes „Klick-Klack“-Geräusch, das den Papagei in Verbindung mit einer Belohnung zum gewünschten Verhalten führen soll. Zuerst lernt der Papagei also auf einen sekundären Verstärker zu reagieren, dem Klicklaut eines handelsüblichen Klickers, den man u. a. auch bei der Hundeerziehung und beim Training von Delfinen seit Jahren erfolgreich einsetzt. Ein entscheidender Vorteil dieser Methode ist es, dass der Klicklaut es erlaubt, ein gewünschtes Verhalten des Papageis sekundengenau zu „markieren“ und man somit eine zeitliche Brücke zur eigentlichen Belohnungsgabe baut. Auf ein Klicken hin erhält das Tier dann einen primären Verstärker (z.B. Leckerbissen) - nach einer gewissen Zeit wird dann das Klicken selbst zum konditionierten sekundären Verstärker. Das Schema ist immer das gleiche: Der Papagei zeigt das gewünschte Verhalten => Klick => Belohnung.

Natürlich könnte man den Papagei auch ohne Klicklaut belohnen und ihn so bestärken. Der Vorteil an dem Klicker ist jedoch, dass er ein Signal darstellt, dass für den Papagei zunächst neutral ist und er somit besser lernen kann, wofür er die Belohnung bekommt. Durch Wiederholungen mit positiver Bestärkung lernt der Papagei so allmählich, die entsprechenden Übungen sicher zu beherrschen, was im Endeffekt, die Kommunikation zwischen dem Vogel und seinem Besitzer optimiert.

Einen Papagei kann man ja letztlich nicht erklären, was man von ihm will oder wie er sich verhalten soll, um an die Belohnung zu kommen. Er zeigt einfach sein Verhalten, wird aber nur für das gewünschte Verhalten bestärkt. Diese Bestärkung besteht aus dem Klick und der folgenden Belohnung, was den Vogel dazu veranlasst, mit dem Klick als sekundären Verstärker den er vor der eigentlichen, primären Verstärkung (Leckerchen) erhält, genau zu erfassen, wofür er die Belohnung erhält.

Klickertraining ist letztlich auch Lernen durch Versuch und Irrtum und kommt daher ohne Strafen aus. Man zeigt seinem Papagei letztlich nur den richtigen Weg und animiert ihn, durch die Belohnung auch eigenständig zu probieren, welches Verhalten erwünscht und dann verstärkt wird. Man schafft somit die Basis für das Training zahlreicher Verhaltensweisen, die das Zusammenleben zwischen Menschen und Papagei erleichtern.

Auch ein solcher Gelbbrustara lässt sich mit dem Klicker konditionieren.

## Zehn Tipps fürs Klickertraining

1. Klicken Sie während des gewünschten Verhaltens, und nicht, nachdem es schon ausgeführt worden ist. Der Zeitpunkt des Klicks ist entscheidend. Wenn Ihr Papagei mit dem Verhalten aufgrund des noch ungewohnten Lautes aufhört, ist dies ganz normal. Wichtig ist nur, dass Sie die Belohnung kurz nach dem Klick reichen. Unterdrücken Sie es auch, schon eine Handbewegung etc. zu machen, die dem Vogel die Belohnung vorzeitig signalisieren könnte.

2. Klicken Sie, wenn Sie ein Verhalten beobachten, das Sie bei Ihrem Papagei festigen wollen. Wählen Sie zu Beginn etwas Einfaches, das der Vogel prinzipiell schon kann, aber eben noch nicht auf Kommando.

3. Klicken Sie immer nur einmal pro Verhalten. Mehr Klicks bringen dem Tier höchstens ein unsicheres Gefühl aber gelten aus seiner Sicht nicht als besonders tolle Belohnung. Bitte auch wirklich nur dann Klicken, wenn es passt, d.h. wenn der Vogel etwas richtig gemacht hat und auch seine Belohnung erhalten soll. Nie zum Spaß clicken, wenn der Vogel anwesend ist.

4. Auch der intelligenteste gefiederte Schüler ist schnell überfordert, wenn man es mit dem Training übertreibt. Üben Sie daher nur kurz (z.B. 3 x 5 bis 10 Minuten auf den Tag verteilt) und mit mehrstündigen Ruhephasen dazwischen. Übrigens: Der Vogel sollte nicht bestimmen, wann mit den Übungen aufgehört wird. Gleichzeitig sollte man aber unbedingt früh genug aufhören, dass der Vogel bis zum Schluss noch mit Begeisterung mitmacht (Motivation).

5. Stets gilt die Regel *„Gutes belohnen, Schlechtes ignorieren“*. Sie können unerwünschtes Verhalten unterdrücken, indem Sie gutes Verhalten durch Klikken belohnen.

6. Klicken Sie für freiwillige oder zufällige Verhaltensweisen Ihres Papageis, die in die Richtung Ihres Ziels gehen. Durch Einsatz eines Zeigestocks (auch „Target-Stick“) können Sie Ihren Vogel in eine Bewegung oder bestimmte Position bringen, ohne ihn zu bedrängen.

7. Warten Sie nicht darauf, dass Ihr Papagei sich plötzlich perfekt verhält, sondern belohnen Sie auch kleine Schritte in die richtige Richtung.

8. Papageien, die etwas für Klicks zu machen, zeigen zunehmend auch spontan Verhalten, um durch das Klicken belohnt zu werden. Dies gibt Ihnen die Chance, schneller im Training voranzukommen und das erwünschte Verhalten auszuformen.

9. Ein häufiger Fehler ist, dass Papageientrainer zu spät auf ein gezeigtes Verhalten klicken. Um entsprechende Fortschritte zu machen, ist aber genaues Timing wichtig. Besser Sie klicken kurz vor Abschluss der Verhaltensweise als danach.

10. Stellen Sie stets den Spaß und die Bedürfnisse des Tieres in den Vordergrund. Der Trainingserfolg kommt dann wie von selbst.

## Wie bestärke ich meine Papageien richtig?

Ziel ist es, dem Tier durch die Bestärkung oder Belohnung eine positive Erfahrung nach einer gewünschten Aktion zu vermitteln, so dass es dazu angeregt wird, eine Wiederholung dieses Verhaltens herbei zu führen. Was bestärkend wirkt, hängt von den individuellen Vorlieben des Tieres ab. In der Regel sind es besondere Leckerbissen (z.B. einzelne Nüsse oder Sonnenblumenkerne, sofern diese nicht sowieso schon täglich im Napf liegen), vielleicht auch Kraulen des Nackengefieders oder ähnliche, für den Vogel angenehme Dinge.

Aus der Verhaltensforschung weiß man, dass diese positive Verstärkung möglichst direkt d.h. unmittelbar nach der Handlung erfolgen sollte, um die größtmögliche Wirkung zu haben. Erfolgt sie zu spät, verpufft sie. Genau dieses Problem des Timings umgeht man beim Klickertraining, denn hier führt der Pfleger ein Signal ein, das für den Papagei signalisiert, dass er jetzt eine Belohnung verdient hat.

Damit der Papagei allerdings dieses Signal eindeutig zuordnen kann, sollte es ein für ihn neutrales, d. h. nicht in seiner natürlichen Umwelt vorkommendes Signal sein. Ein Knackfrosch- oder Klickersignal erfüllt diese Anforderung und ist zudem einfach und schnell genug vom Pfleger darzubieten. Der Erfolg dieser Methoden liegt also eigentlich nicht im Klicker selbst begründet, denn sie basiert letztlich auf Ergebnissen der Verhaltensbiologie. Es wäre auch möglich eine andere Geräuschquelle, wie etwa ein Pfeife oder ähnliches zu nutzen, die das Auftreten von Fehlsignalen verhindern kann.

Das Lernen wird beim operanten Konditionieren also im wesentlichen durch Verstärker bestimmt. Der Einsatz der Verstärker hat entsprechend wohl überlegt und dosiert zu erfolgen. Man kann gleichmäßig oder aber variabel verstärken. Im ersten Fall werden gleiche Handlungen immer gleich belohnt. Der Lernerfolg ist dabei schnell, ebenso schnell aber geht das Erlernte auch wieder verloren. Auf lange Sicht erfolgversprechender ist, die Belohnungen zu dosieren und zu variieren (intermittierende Verstärkung).

Diese Blaustirnamazone wartet schon neugierig auf die nächste Trainingssitzung.

# Wie beginne ich nun mit dem Training?

Für den Anfang konditioniert man am besten Futter, kleine Häppchen, die besonders gut bei dem Papagei ankommen, mit dem Klick-Geräusch. Ohne den Vogel vorher aufmerksam zu machen, klickt man und hält ihm im selben Moment einen Futterbrocken hin. Nimmt der Vogel das Futter nur ungern aus der Hand, kann man es auch einfach vor ihm hinlegen, so dass er es sieht und die Verknüpfung zwischen Futter und Klicklaut verstehen lernt. Wichtig ist, dass erst der Klick ertönt und dann der Griff zum Futter folgt. Sobald der Papagei nach jedem Klick erwartungsvoll auf sein Futter hofft, ist die Konditionierung erfolgreich.

Nun beginnt man mit weiteren Trainingseinheiten. Es ist kaum vorherzusagen, wie viele Durchgänge dieser erste Trainingsschritt benötigt, denn jeder Papagei ist anders und auch die Arten scheinen sich in ihrer Auffassungsgabe zu unterscheiden. Ferner kommt es darauf an, wie bereitwillig der Papagei auf die Lernsituation eingeht. Ein scheuer Vogel wird sicher länger brauchen, denn er muss erst einmal Vertrauen zum Trainer fassen. Bei einem zahmen Tier reichen teilweise schon 20 Durchgänge, es können aber auch wesentlich mehr sein.

Vermeiden Sie mit dem Klicker vor dem Papagei herumzufuchteln. Er würde sonst eventuell auf die Handbewegung konditioniert und nicht auf den Klick. Es reicht wenn die Klicker-Hand am Körper angelegt bleibt und sie so den Laut auslösen, ohne dass der Vogel notwendigerweise den Klicker sehen muss.

Nach dieser ersten erfolgreichen Konditionierung ist man meist sehr motiviert, dass Verhalten seines Papageien zu formen. Dieser Prozess wird im englischen Sprachraum auch als „shaping“ bezeichnet. Wenn Sie ein neues Verhalten (z.B. Aufsuchen des

Auch die langschwänzigen Sittiche, wie der hier gezeigte Alexandersittich, lassen sich gut trainieren.

Käfigs) bei ihrem Krummschnabel formen wollen, sollten Sie zunächst überlegen, in welche Teilabschnitte es sich zerlegen lässt (z.B. Annäherung an den Käfig, Klettern und Sitzen auf dem Käfigdach, Herunterklettern zur Tür, Sitzen in der Käfigtür, Hineinklettern in den Käfig). Denn der Papagei erlernt komplexe Verhaltensweisen nur dann, wenn sie ihm portionsweise angeboten werden und nicht als Ganzes.

Diese Verhaltenskomponenten können Sie dann Schritt für Schritt mit ihrem gefiederten Gefährten erarbeiten. Dies geschieht dadurch, dass Sie mit einer Verhaltenskomponente beginnen und den den kleinsten Ansatz zum gewünschten Verhalten belohnen (z.B. wenn sich der im Zimmer fliegende Vogel dem Käfig nähert). Wir erinnern uns an die operante Konditionierung. Hierbei wird ein neutraler Reiz (Klick-Laut) bei Ausführung des Verhaltens mit einer Bedeutung versehen, wenn mit dem Verhalten immer eine bestimmte Antwort (Belohnung) des Trainers verbunden ist. Somit wird das Klick-Signal zu einem sekundären Bestärker, der einen primäre Bestärker (Leckerbissen) ankündigt.

Der Papagei hört immer dann das erfreuliche Klick, wenn er das gewünschte Verhalten oder zu Beginn des Trainings eine entsprechende Annäherung an dieses zeigt. Nicht das Ergebnis seiner Handlung wird bestärkt, sondern die richtigen Handlungsschritte auf dem Wege dahin. Durch das Klicken sagen Sie ihrem Tier quasi „Gut, weiter so! Du machst das richtig!“. Wird eine Verhaltensweise im Laufe des Trainings sicher gezeigt, dann belohnen sie nur noch, wenn das Tier nun auch den zweiten Schritt macht, d. h. in diesem Fall auf dem Käfigdach Platz nimmt.

Wird auch dies wiederholt vom Papagei vorgeführt, dann bekommt der Papagei seine Bestärkung nur noch dann, wenn er bis an die Käfigtür klettert, danach nur noch wenn er dort sitzt und wartet und abschließend, wenn er den Käfig auf Kommando selbständig aufsucht.

Es hört sich zwar hier recht einfach an, doch Sie dürfen nicht vergessen, dass jede Einzelstufe des Trainings viele Durchgänge braucht, bis das Tier das gewünschte Verhalten auch sicher vorführt. Hier ist absolut Ihre Geduld gefragt, denn wenn Sie zu schnell vorgehen, dann überfordern Sie ihr Tier und es verliert seine Motivation mitzumachen.

Nehmen wir mal an, dass Ihr Papagei es nun nach einigen Tagen des Übens beherrscht nach einem Zimmerfreiflug selbst wieder in den Käfig zu klettern. Dann ist es an der Zeit, ihm dieses Verhalten auch dann abzuverlangen, wenn Sie nicht in der vertrauten Umgebung mit ihm sind, also dort wo sein Käfig üblicherweise steht.

Sie sollten nun versuchen, dass erlernte Verhalten zu generalisieren, so dass das Tier es auch unter anderen Umständen vorführt. Sie können hierzu den Käfig mit dem Tier in einen anderen Raum stellen und dort das geübte Kommando ausprobieren. In vielen Fällen wird der Papagei zunächst nicht auf das Kommando hören und man glaubt dann, er habe bereits wieder alles vergessen, was Sie ihm über Tage beigebracht hatten. Dem ist allerdings nicht so, denn grundsätzlich beherrscht Ihr Tier das Gelernte noch, wird aber durch die neue Umgebung zunächst verwirrt.

Tiere verbinden die äußeren Umstände stark mit dem gelernten Verhalten und können nur sehr schwer von selbst generalisieren. Wenn Sie ihm aber mit der gleichen Geduld ein paar Trainingseinheiten in der neuen Umgebung gönnen, wird er bald verstanden haben, dass die Kommandos immer gelten und nicht nur in „seinem" Zimmer. Jede neue Umgebung und jeder neue Umstand muss vom Vogel neu hinzugelernt werden bis er das Verhalten generalisiert hat und unabhängig von der jeweiligen Umgebung vorführt.

Während die Belohnung zu Beginn des Trainings grundsätzlich erfolgen sollte, wenn das gewünschte Verhalten erfolgt, ist es hilfreich bereits trainierte Tiere nur noch jedes dritte bis fünfte Mal zu belohnen. So bleibt die Motivation des Tieres hoch und Sie festigen das Verhalten, d. h. es wird häufig und zuverlässig gezeigt.

Dies liegt letztlich in der Biologie der Papageien begründet. In der Wildbahn können die Tiere auch nicht von einer 100%igen Erfolgsgarantie ausgehen, wenn sie nach Nahrung suche. Es steckt also in ihnen drin, sich auch dann weiter zu bemühen, wenn es mal einige Durchgänge lang keine Belohnung mehr gibt, denn sie wissen, dass sie schließlich wieder in den Genuss einer Belohnung kommen werden. Sie brauchen also kein schlechtes Gewissen zu haben, wenn sie ihren Papagei später die eine oder andere Belohnung vorenthalten. Dies geschieht nur zur Festigung des Trainingserfolges und stellt für ihn einen natürlichen Vorgang und nicht etwa eine Art Bestrafung dar.

## Zusammenfassung des Trainings:

Egal welche Verhaltenskomponente trainiert werden soll, das Vorgehen ist nahezu immer gleich, nur die Details erlauben eine gewisse Abwechslung:

- Herbeiführen eines Ansatzverhaltens bei Immerbestärkung; jedes Verhalten, dass in die gewünschte Richtung geht wird durch Klick und Belohnung bestärkt.

- Umformen („Shaping“) des Ansatzverhaltens bis hin zur erwünschten Verhaltensausführung. Schrittweise nähert man sich dem gewünschten Zielverhalten und belohnt nur noch den jeweils nächsten Entwicklungsschritt.

- Übergang auf variable Bestärkung. Das Zielverhalten wird nicht mehr permanent belohnt, sondern nur unregelmäßig.

- Festigung des Verhaltens: Erweitern der Topographie, z.B. durch Wechsel des Trainingsortes.

- Einführen eines auslösenden Signals, d.h. der Vogel führt das gewünschte Verhalten auf Kommando aus und wird auch nur noch dann belohnt.

## Was sollen Papageien lernen? Wie schaffe ich das?

Eine Grundvoraussetzung für das Training mit einem Papageien ist seine Zutraulichkeit zum Menschen. Nur wenn ein Vogel entsprechendes Vertrauen zu seinem Pfleger entwickelt, wird er überhaupt an einer Belohnung interessiert sein und sich in seinem Verhalten formen lassen.

Scheue Tiere müssen sich also erst einmal an den Menschen gewöhnen; sie müssen zahm werden. Ein junger, gesunder und futterfester Papagei bietet die besten Voraussetzungen, wirklich zahm zu werden.

Handaufzuchten sind in der Regel bereits eng an den Menschen gebunden und eignen sich aus der Sicht des Trainers am besten. Allerdings nur dann, wenn sie ausreichend während der sensiblen Phasen sozialisiert wurden. Ein Papagei sollte, auch wenn er von Hand aufgezogen wurde, stets ein Papagei bleiben und sich nicht für einen Menschen halten. Ansonsten kommt es mit Eintritt der Geschlechtsreife unweigerlich zu Problemen mit dem Tier. Denn es will dann Instinkte ausleben, denen ein menschlicher Pfleger nicht gerecht werden kann, sondern nur ein Artgenosse. Da solche Handaufzuchten allerdings Artgenossen oft nicht akzeptieren, kommt es unweigerlich zu Frustrationserscheinungen, die bis hin zu einer Verhaltensstörung führen können.

Wenn Sie also eine Handaufzucht kaufen, sollten Sie unbedingt auf folgende Punkte achten: Die derzeit vorliegenden wissenschaftlichen Erkenntnisse deuten darauf hin, dass die Handaufzucht in einer Gruppe gleichartiger und gleichaltriger Vögel mit möglichst wenig Menschenkontakt die beste Variante darstellt.

Voraussetzung ist, dass die Pfleger erfahren im Umgang mit Papageien sind und tiergerechte Aufzuchtbedingungen anbieten. Dazu gehören geeignete abgedunkelte Aufzuchtboxen mit dauerhafter relativer Luftfeuchte über 60%, spezielles Futter, das in vogelspezifischer Frequenz und mit der richtigen Fütterungstechnik (Löffel oder Spritze) gegeben wird, sorgfältiger Umgang mit den Vögeln sowie die Möglichkeit zu artgerechter Bewegung mit gleichaltrigen und möglichst auch älteren Artgenossen im Schwarm in Volieren nach dem Flüggewerden.

In dieser Zeit müssen die Tiere auch Erfahrungen mit möglichst vielen Futtersorten sammeln können. Voraussetzung ist hier eine entsprechende Größe des Zuchtbestandes. Die Jungvögel müssen je nach Art ausreichend lange (z.B. Graupapagei mindestens 5 Wochen) bei den Elternvögeln verbleiben, bevor sie in die Handaufzucht überführt werden.

Die Abgabe von Jungvögeln muss ebenfalls abhängig von der Art erfolgen. Das früheste Abgabealter liegt z. B. bei Graupapageien bei sechs Monaten, bei Kakadus bei acht Monaten und bei Aras bei ca. acht-

Graupapageien gehören zu den gelehrigsten Papageien.

zehn Monaten. Es versteht sich von selbst, dass man vor dem Tierkauf entsprechende Informationen über den ausgesuchten Zuchtbetrieb einholt und sich vor Ort persönlich von den Aufzuchtbedingungen informiert. Sonst läuft man Gefahr schon nach wenigen Jahren einen Problemvogel Zuhause sitzen zu haben.

Zurück zur Zähmung des Papageien. Entscheidenden Einfluss auf den Zähmungsprozess nimmt die Ruhe, Umsichtigkeit und Ausdauer, die Sie als Vogelhalter für Ihr Tier aufbringen. Wer von Natur aus ungeduldig ist, sollte es gar nicht erst versuchen, einen Papagei zu trainieren, denn mit großer Wahrscheinlichkeit wird das Tier Ihre Nerven über Gebühr strapazieren, was sicher zum Scheitern jeglichen Trainings führen muss.

Wie viel ein Papagei lernen wird, hängt von verschiedenen Faktoren ab. Nicht zuletzt von seinem Pfleger, aber natürlich auch vom Charakter des Vogels und schließlich der Vogelart. Kommt ein neuer Papagei zu Ihnen nach Hause, dann können Sie nicht an den ersten Tagen mit dem Training loslegen, sondern müssen ihm ausreichend Zeit zur Eingewöhnung geben. Nur dann ist er entspannt genug, sich auf Sie einzulassen.

Mitunter kann diese Eingewöhnungsphase einige Wochen dauern. Schon hier ist Geduld gefragt! Der Käfig und der Raum mit all seinen Gegenständen bedeuten für den Vogel eine völlig neue Umwelt. Er muss diese in Ruhe erkunden können und sein neues Revier in Besitz nehmen. Ferner muss er sich mit seinem Artgenossen arrangieren, denn auch Papageien die wir trainieren wollen, haben ein Anrecht auf eine paarweise Haltung. Selbst wenn dies die Trainingserfolge mühsamer gestaltet, muss immer das Wohl des Tieres im Vordergrund stehen.

Der Vogel wird einige Tage ganz in Ruhe gelassen und nur beim Füttern und Reinigen im sanften Ton angesprochen. Schon jetzt sollte man den späteren Rufnamen des Vogels gebrauchen. Mit den eigentlichen Übungen kann erst begonnen werden, wenn der Vogel seine Umgebung erfasst hat, keine Angst vor seinem Pfleger und der Umwelt mehr hat. Erst dann wird er sich voll auf seinen Lehrer konzentrieren können.

Es ist günstig, wenn der Papagei beim Zähmungsprozess zunächst in seinem Käfig verbleibt, da er sonst durch neue Eindrücke zu stark abgelenkt würde. Hat sich der Krummschnabel schließlich an den neuen Käfig, seinen Artgenossen, den Raum, seinen neuen Pfleger und an die täglichen Arbeiten am und im Käfig gewöhnt, können Sie sich intensiver mit ihm beschäftigen. Zunächst können Sie ihm mit den Fingerspitzen einen Leckerbissen, zuerst durch die Gitterstäbe, später auch durch die offene Käfigtür anbieten. Dann lernt das Tier schon einmal, dass ihre Hand Positives für ihn bedeutet.

Wenn Sie es mit einem besonders scheuen Tier oder eine kleinere Gruppe von Krummschnäbeln zu tun haben, ist ein behutsameres Vorgehen von Nöten. Zunächst sollte man sich täglich für längere Zeit neben die Voliere setzen und mit seinen Pfleglingen reden, sich ansonsten aber sehr ruhig verhalten. Auf diese Weise gewöhnen sich die Tiere zunächst an die pure Anwesenheit, Grundlage für nächste Schritte. Oft hat es sich bewährt, eine Futterschale nahe an der Volierentür anzubringen, die optimalerweise auch von außen bedient werden kann. Nun sollte man jeden Tag ins Vogelzimmer kommen und einige wenige Leckerbissen in die Schale legen bevor man sich in einigem Abstand ruhig vor die Voliere setzt. So lernen die Tiere schnell, dass Ihr Besuch mit einem Benefit verbunden ist, nämlich den Leckerbissen. Als nächster Schritt bietet sich dann an, diese Extra-Futtergabe mit einem Klicklaut zu verknüpfen. Also klicken Sie nun stets unmittelbar bevor Sie einen Leckerbissen in die Schale legen und setzen sich dann wieder hin. Auch wenn dies je nach individuellen Voraussetzungen der Tiere Geduld fragt, erfolgt schon nach absehbarer Zeit eine Konditionierung. Irgendwann platzt der Knoten bei den Gefiederten und dann sind sie bereit, den nächsten Schritt im Trainingsprogramm zu absolvieren.

Sobald das Annähern einigermaßen klappt, können Sie sich bemühen, den Vogel unter ständiger Fürsprache mit ruhiger Stimme, auf eine durch das Gitter gestreckte Sitzstange zu bekommen. Nach Erfolg können Sie ihn wie zuvor beschrieben dafür belohnen und letztlich auch schon mit dem Klickertraining beginnen. Springt oder klettert der Papagei zuverlässig darauf, kann die gleiche Übung nach einiger Zeit je nach Größe des Vogels mit der vorgestreckten Hand oder einem Finger versucht werden. Dabei ist es wichtig, dass Sie dem Vogel Ihre Hand flach und in Brusthöhe anbieten, da es sonst zu bedrohlich auf ihn wirken könnte. Bevor Sie ihre Hand bewegen, sollte das Tier mit beiden Füßen auf ihrer Hand oder der Sitzstange Platz genommen haben. Dabei sollten Sie sich stets vergewissern, ob sich der Papagei noch wohl und sicher fühlt. Irgendwann hat der Vogel auch vor der Hand keine Scheu mehr und er wird sich von ihnen auch mal das Gefieder kraulen lassen. Dann ist die Zeit gekommen, ihm auch mal Zimmerfreiflug zu gewähren.

Ich persönlich halte meine Papageien zwar zusammen als Paar oder Kleingruppe, und dies klappt sehr gut, trainiere sie aber lieber einzeln, denn dann sind sie aufmerksamer und konzentrieren sich besser aufs Training. Gut trainierte Papageien kann man aber durchaus auch zusammen beschäftigen, aber wie gesagt, erst wenn sie alle wesentlichen Tricks beherrschen.

Wenn der Papagei schließlich handzahm ist und sich von Ihnen herumtragen lässt, dann kann man beginnen, ihm beizubringen, auf Kommando in den

Käfig zu klettern. Dies sind Verhaltensweisen, die das Zusammenleben stark erleichtern. Untrainierte Papageien sind kaum wieder in den Käfig zu bekommen und da man sie nie einfangen sollte, denn dann verliert man ihr Vertrauen, kann es Stunden dauern bis man sie irgendwie wieder im Käfig hat. Da ist es doch äußerst angenehm, wenn man einen trainierten Vogel hat, der dies „von alleine“ erledigt. Außerdem verliert der Besitzer die Scheu, seine Tiere im Zimmer umhertoben zu lassen, denn er muss ja nicht befürchten, dass er sie nicht mehr in den Käfig zurück bekommt. Auch dies steigert somit die Lebensqualität der Vögel, die häufiger herauskommen.

Wenn diese grundlegenden Verhaltensweisen gelernt wurden, dann ist ihr Papagei auch bereit zu weiteren Kunststücken. Da das Training stets zielgerichtet ablaufen muss, sollten Sie sich vor Beginn einen Plan machen, in dem alle Verhaltensweisen, die sie für ihr Tier vorgesehen haben, enthalten sind. Sie wissen ja, dass jedes Verhalten in kleinen Teilabschnitten trainiert wird und dies sehr oft, also nehmen sie sich bitte nicht zu viel vor. Lieber kleine aber stetige Erfolge erreichen, als einen ganzen Verhaltenskatalog anzustreben und am Ende damit zu scheitern! Der clevere Trainer beobachtet seine Tiere genau und lässt somit seine Vögel quasi selbst darüber entscheiden, was als nächstes einstudiert werden soll. Denn Sie werden dann bestimmte Verhaltensansätze erkenne, die sich für das Training gut nutzen lassen und nur noch in die richtige Richtung geformt werden müssen.

Ein Vogel, der gerne klettert, wird schnell lernen, dass es sich lohnt, freiwillig in den Käfig oder auf die Schulter des Pflegers zu klettern. Ein Vogel der gerne fliegt, kann man leichter beibringen, auf dem Pfleger zu landen als einem passiven Tier, das gerne herumsitzt. Letzteres wird eventuell leichter dazu zu bewegen sein, auf die Hand aufzusteigen und sich vom Pfleger herumtragen zu lassen. Mit der Zeit gewinnen Sie Erfahrung in der Deutung des Verhaltens ihrer Tiere und solche Entscheidungen fallen dann ganz von alleine.

Gängige Verhaltensweisen, die ein Papagei beherrschen lernt, sind z.B. in den Käfig zurückkehren, in ein Transportkasten klettern, auf dem Pfleger zu landen, auf die Hand zu kommen, oder eher „sinnlose“ Kunststückchen wie die Sitzstange entlang zu laufen, sich um die eigenen Achse zu drehen oder einen Gegenstand aufzuheben und in ein Gefäß fallen zu lassen. Auch wenn die letztgenannten Aktionen keinen großen Sinn machen, darf man nicht vergessen, dass das Tier durch das Training beschäftigt wird und Kontakt zu seinem Pfleger hat. Hier ist also eher der Weg das Ziel.

Venezuelaamazone "Charly" beim Quasseln.

# Sprechen lernen, aber wie?

Insbesondere einige Großpapageien sind begabte Imitatoren der menschlichen Sprache oder verschiedenartiger Umweltgeräusche. Dies entspricht weitestgehend ihrer Biologie und dient vermutlich der individuellen Verständigung von Familienmitgliedern in größeren Schwärmen. Es ist also durchaus sinnvoll auch dieses Verhalten zu fördern und zu trainieren, wenn der Vogel bereit dazu ist. Man sollte dabei aber keinen falschen Ehrgeiz entwickeln und das Tier dazu antreiben, ganze Lexika wiederzugeben, sondern man konzentriert sich auf die Töne, die das Tier letztlich freiwillig hervorbringt und bestärkt es in seinen Bemühungen.

Besonders die größeren Papageienarten und unter ihnen vor allem der afrikanische Graupapagei und bestimmte Amazonenarten aus Südamerika sind zu bemerkenswerten Nachahmungsleistungen fähig. Diese reichen von einfacher Lautimitation bis hin zu Zähl- und Abstraktionsleistungen sowie einer Art Basiskommunikation mit dem Menschen, die natürlich experimentell gefördert werden müssen, und zwar über Jahre hinweg. Mit diesen Leistungen der Papageien beschäftigt sich seit Jahrzehnten die amerikanische Anthropologin Irene Pepperberg, die vor allem durch das enorme Imitations- und Denkvermögen des mittlerweile verstorbenen Graupapageien „Alex“ berühmt wurde und unzählige wissenschaftliche Schriften zum Thema verfasst hat.

Ende der 1970er Jahre holte sie sich einen einjährigen Kongo-Graupapagei aus einer Zoohandlung und begann damit, ihm mit Hilfe einer speziellen Trainingsmethode das Sprechen beizubringen. Alex sollte nicht unbedingt möglichst viele Wörter nachahmen können, sondern eine Möglichkeit der Kommunikation erlernen, der der Wissenschaftlerin erlaubte, seine kognitiven Leistungen besser beurteilen zu können. Unter Kognition versteht man allgemein alle Prozesse, die mit dem Erkennen einer Situation zusammenhängen: Wahrnehmung, Erkennen, Beurteilen, Bewerten, Verstehen, Erwarten. Solche Forschungsansätze bezogen sich bis dato vornehmlich auf Schimpansen, Delfine und andere Säugetiere. Die Papageien boten allerdings einen entscheidenden Vorteil, denn sie sind in der Lage, menschliche Sprachlaute zu produzieren.

Ist dies alles nun reine Imitation oder steckt mehr dahinter? Genau um diese zentrale Frage bewegten sich die Untersuchungen Pepperbergs. Zur Überraschung vieler Wissenschaftler lernte es Alex und mittlerweile auch einige seiner Nachfolger, nicht nur die Laute der Worte zu reproduzieren, sondern auch deren Bedeutung zu verstehen und den Zusammenhang, in dem sie benutzt werden müssen.

Alex erreichte ein bemerkenswertes Vokabular von weit über hundert Wörtern, die er im richtigen Zusammenhang benutzen konnte. So konnte er Namen für diverse Gegenstände, zahlreiche Materialien, Formen und Farben richtig einsetzen. Zusätzlich lernte er auch Zahlwörter (von 1 bis 6) sowie das Wort „none“ (als Äquivalent für nichts bzw. keins) und mehrere Verben richtig zu verwenden. Er konnte letztlich sogar seine eigenen Wünsche ausdrücken, indem er z.B. eine Nuss verlangte oder eine bestimmte Handlung durch eine richtige Bezeichnung einforderte. Besonders bemerkenswert ist auch seine demonstrierte Fähigkeit, in Kategorien zu denken. Zeigte man ihm etwa einen roten oder einen blauen Kreis aus Holz und fragte ihn, welche Farbe der Gegenstand jeweils hat, antwortete er entsprechend „rot“ oder „blau“. Ebenso konnte man ihm die zwei Kreise gleichzeitig zeigen und fragen „was ist unterschiedlich?“, und Alex antwortete korrekt „Farbe“. Zusätzlich lernte er es aber auch, die Kategorien richtig miteinander in Bezug zu stellen. Er erkannte also den richtigen Gegenstand, wenn man ihn fragte „Was ist quadratisch und rot?“

Bei all diesen Leistungen, die Alex zeigte, stellte man sich natürlich bald die Frage, ob diese Ergebnisse auch von anderen Artgenossen erbracht werden können oder ob Alex einfach ein gefiedertes Genie war. Tatsächlich gelang es Pepperberg und ihrer Arbeitsgruppe auch andere Graupapageien diese Kommunikationsleistungen abzuverlangen.

Warum sind Papageien überhaupt so klug geworden? In freier Natur müssen sie natürlich keine roten Dreiecke von blauen Quadraten unterscheiden können, aber mittlerweile geht man davon aus, dass verschiedene Umstände des natürlichen Papageienlebens diese Intelligenzleistungen ermöglicht haben. Zum einen erreichen gerade Papageien ein recht hohes Lebensalter, was ihnen das Sammeln eines umfangreichen Erfahrungsschatzes ermöglicht. Die Umweltbedingungen in den natürlichen Lebensräumen der Tiere sind teilweise erheblichen Schwankungen und Veränderungen unterworfen, was eine gewisse Anpassungsfähigkeit verlangt. So müssen die Vögel z.B. fähig sein, schnell neue Nahrungsquellen zu finden oder sich an alte Ressourcen zu erinnern, da z.B. Bäume nicht ganzjährig reife Früchte tragen. Sie müssen also bestenfalls wissen, wo und wann, von welchem Baum reife Früchte zu erwarten sind, um dauerhaft erfolgreich zu sein.

Aber auch das soziale Leben der meisten Papageienarten gilt als ein möglicher Ausgangpunkt für die Entwicklung ihrer Intelligenz. So erkennen sich einzelne Gruppenmitglieder z. B. anhand der Stimme oder sonstiger Merkmale und stehen in einer bestimmten Beziehung zueinander, die wiederum das individuelle Verhalten zueinander beeinflusst. Ferner ist gerade ein Vorteil des Zusammenlebens in Gruppenstrukturen, dass man von den Erfahrungen anderer lernen kann. Jungvögel übernehmen etwa von ihren Eltern nicht nur das Wissen über bestimmte Futterpflanzen und ihre Verwertung, sondern auch die art- und populationstypische Kommunikation. Denn nicht jeder Graupapagei „singt" gleich, sondern es gibt deutliche Unterschiede im „Vokabular" zwischen unterschiedlichen Populationen oder gar Paaren. Letztlich könnten diese Duette auch dazu dienen, sich als Paar innerhalb einer größeren Gruppe artgleicher Tiere vom Rest abzugrenzen und sich wiederzuerkennen. Übrigens hat man, so erstaunlich es auch klingen mag, kürzlich entdeckt, dass bestimmte südamerikanische Sperlingspapageien ihrem Nachwuchs individuelle Ruflaute zuordnen, so dass ein Elterntier mittels dieses „Namens" ein bestimmtes Tier gezielt „ansprechen" kann.

Auch hat man beobachtet, dass bestimmte Populationen geradezu Traditionen bilden und weitergeben, z. B. wenn es um den Werkzeuggebrauch geht. Einige Kakadus nutzen etwa kleine Äste, um mit ihnen auf Baumstämmen herumzutrommeln und somit ihr Revier abzugrenzen. Papageien zeigen auch ein ausgeprägtes Spielverhalten, was man ebenfalls nur von Tieren mit einer gewissen Intelligenzleistung erwartet. Letztlich ist Spielen ein Ausdruck für Neugierde und geistige Flexibilität. Während bei den meisten Vogelarten dieser Spieltrieb sich mehr oder minder auf die Jugendphase beschränkt, in der zahlreiche Überlebenstricks erlernt werden müssen, spielen Papageien ihr Leben lang.

Übrigens imitieren auch frei lebende Graupapageien Umweltgeräusche und Laute anderer Tierarten und man kann davon ausgehen, dass auch andere Papageienarten prinzipiell dazu in der Lage sind, ihren „Wortschatz" durch Imitation zu erweitern. Am „Sprechen" der Papageien ist zunächst also nichts Unnatürliches, sondern im Gegenteil, es entspricht völlig ihrem natürlichen Verhalten. Manche Autoren gehen manchmal sogar so weit zu behaupten, die Intelligenz- und Nachahmungsleistungen eines Graupapageien seien durchaus denen eines fünfjährigen Kindes vergleichbar.

Ein solcher Käfig ist gut zu bedienen und zu reinigen. Die Gitterstäbe bieten ausreichend Halt zum Klettern und zum Befestigen von Naturästen. Die große Tür erleichtert das Handling. Trotz der relativen Größe muss täglich Zimmerfreiflug gewährt werden!

Papageien sind von Natur aus in der Lage, über ihre angeborenen Laute hinaus weitere Laute zu erlernen und als Mittel zur Kommunikation mit dem Pfleger anzuwenden. Vielleicht liegt darin auch ein Hauptgrund dafür, dass wir uns von Papageien so sehr angezogen fühlen, wie von kaum einer anderen Vogelart.

Wie kann man also einem Papagei das Sprechen beibringen? Papageien zeigen eine unterschiedliche Begabung dafür Worte nachzuahmen. Dies trifft selbst auf Tiere innerhalb der gleichen Art zu. Allgemein sind die besten Sprecher unter den Papageien die afrikanischen Graupapageien (, die bei der üblichen Heimtierhaltung allerdings sehr empfindlich sein können) und einige Arten der südamerikanischen Amazonenpapageien, z. B. Rotbug-, Gelbkopf-, Gelbnacken- und Panamaamazonen. Wer seinen gefiederten Freund zum „Sprechen“ bringen will, sollte aber trotzdem seine Bedürfnisse nicht ignorieren, denn meistens werden „Sprecher“ einzeln gehalten. Dies sollte unbedingt der Vergangenheit angehören. Besser ist es, wenn man bereits einen nachahmenden Vogel mit einem anderen Papageien zusammenbringen kann, denn dann kommt es häufig vor, dass der eine vom anderen lernt. Zeigt ein Papagei die Tendenz, bestimmte Töne freiwillig nachzumachen, dann kann man ihn in seinem Tun genauso motivieren wie es für die anderen Verhaltensweisen beschrieben wurde, nämlich durch positive Bestärkung.

Damit ein Papagei ein bestimmtes Geräusch nachahmen kann, muss er es oft genug gehört haben und als papageiengerecht empfinden, um sie in sein Repertoire aufzunehmen. Kein Wunder also, dass manche Krummschnäbel wie eine Lokomotive pfeifen, wie eine Straßenbahn rattern oder wie eine schlecht geölte Tür quietschen, denn dies sind dann Umweltgeräusche, denen sie tagtäglich ausgesetzt sind.

Die Wissenschaftler um Irene Pepperberg entwickelten eine eigene Methode, um Alex und seinen

Kollegen das „Sprechen“ beizubringen, die sie als „Vorbild-Rivale-Technik“ (model-rival-technique) bezeichnen. Allerdings erfordert die Methode zwei Trainer, die sich gleichzeitig mit dem Vogel beschäftigen. Zwischen den beiden Personen positioniert man ein Tablett mit unterschiedlichen Gegenständen in Reichweite des gefiederten Schülers. Der eine Trainer nimmt dann einen Gegenstand vom Tablett, hält es dem Co-Trainer hin und fragt ihn „Was ist das?“ Natürlich kennt der zweite Trainer die korrekte Antwort und spricht sie laut und deutlich aus, worauf ihn der erste Trainer ausdrücklich lobt („Richtig! Gut gemacht“) und ihm den Gegenstand übergibt, damit er ihn kurz untersuchen kann. Der Vorgang wird mit den unterschiedlichen Gegenständen auf dem Tablett in zufälliger Reihenfolge mehrfach wiederholt.

Damit dieses Rollenspiel für den Papageien nicht ganz perfekt abläuft, antwortet der Co-Trainer manchmal auch absichtlich falsch, worauf er umgehend einen mündlichen Tadel erhält. Der Gegenstand wird im Falle eines Fehlversuchs auch zurück auf das Tablett gelegt, ohne dass der Co-Trainer ihn untersuchen darf. Seien Sie gewiss, dass auch ihr Vogel dieses Rollenspiel mit großen Augen verfolgen würde. Irgendwann kommt bei den meisten Tieren der Punkt, an dem sie sich in den Dialog der Trainer einschalten. Hier ist Geduld gefragt. Erfolgt eine richtige Antwort, wird er genau wie der menschliche Co-Trainer gelobt und bekommt den Gegenstand gereicht, damit er ihn mit dem Schnabel untersuchen kann. An dieser Stelle kann man den Lernprozeß auch noch durch den Klicker unterstützen. Bei richtiger Antwort wird geklickt und dann gelobt. Obendrauf kann sich der Vogel dann noch mit dem Gegenstand beschäftigen, der seine Neugierde erweckt hat (Belohnung).

Durch dieses Vorgehen erreicht man zweierlei. Zum einen kann der Papagei von seinem menschliche Rohmodell lernen, was man tun muss, um belohnt zu werden. Zum anderen ergibt sich eine gewisse Rivalität zu diesem Vorbild, da der Vogel natürlich lieber selbst die Belohnung erhalten möchte. Dies spornt ihn zusätzlich an und unterstützt den Lernvorgang. Daher ist die Bezeichnung „Vorbild-Rivale-Technik“ (model-rival-technique) auch sehr treffend. Diese Methode ist nicht zuletzt deshalb so geeignet, weil sie dem natürlichen Vorgehen der Tiere entspricht, sich Wissen durch soziales Lernen anzueignen. Übrigens kann man als Co-Trainer durchaus auch einen bereits trainierten Artgenossen nutzen, der dann um so mehr als Vorbild und Rivale angesehen wird.

Häufiges Sprechen und intensive Beschäftigung mit dem Tier sind also Voraussetzungen für ein erfolgreiches Sprechenlernen. Tonbänder oder CDs zum Sprechenlernen sind ungeeignet. Der Papagei, der imitiert, will ja kommunizieren und den Kontakt zum Pfleger intensivieren und nicht selbst zu einem „Wiedergabegerät“ werden. Es kann oft Wochen oder Monate dauern, bis Ihr Hausgenosse die ersten Wörter oder Töne einigermaßen zufriedenstellend nachahmt. Und manchmal klappt es auch gar nicht, nämlich dann, wenn der Vogel sich nicht fürs Nachahmen interessiert. Ein guter Vogelpfleger wird auch das akzeptieren und dann eben andere Verhaltensweisen mit seinem Tier trainieren.

## Was sonst führt zu einem glücklichen Papageienleben?

Natürlich gehört mehr als nur Training und Beschäftigung zu einem glücklichen Papageienleben in Menschenobhut. Auch wenn dieses Buch sicher nicht den Zweck eines üblichen Ratgebers erfüllt, möchte ich dennoch wichtige Punkte kurz zusammenfassen. Letztlich haben wir ja auch gelernt, dass sich nur Papageien in guter Verfassung trainieren lassen und dazu gehört nun einmal einen angemessene Haltung.

Ich stimme mit den meisten Papageienkennern in einem Punkt überein. Schaffen Sie sich gleich zwei artgleiche Tiere an, denn Papageien sind sehr soziale Lebewesen, die leiden, wenn sie einzeln gehalten werden. Auch wenn Sie noch so sehr mit den Papageien trainieren, bleiben Sie ein Mensch und der Papagei ein Vogel. Ein Mensch ist nicht in der Lage, dauerhaft und täglich einem Einzelvogel über Stunden Gesellschaft zu leisten und sich mit ihm zu beschäftigen. Dies schafft nur ein Artgenosse.

Vor der Anschaffung sollten Sie bei aller Faszination für Papageien auch zur Kenntnis nehmen, dass sie recht viel Schmutz produzieren und Staub abgeben. Wenn Sie bereits Allergieprobleme, Asthma oder vergleichbares haben, dann wird es mit der Papageienhaltung sehr schwierig. Papageien sind in der Regel auch lautstarke Tiere, die sich nicht dazu erziehen lassen, auf ihre natürlichen Rufe zu Sonnenauf- und -untergang und auch zwischendurch zu verzichten. Zumindest mit den lautstarken Arten (fast alle Papageien) kann es daher zu Problemen mit der Nachbarschaft kommen.

Vögel wollen fliegen und haben einen entsprechend großen Platzbedarf. Ein Paar Großpapageien braucht entsprechend mehr Platz als etwas zwei kleine Wellensittiche. Welche Käfig- und Gehegegrößen für die verschiedenen Papageienarten in Frage kommen, verrät Ihnen der Zoofachhändler Ihres Vertrauens oder ein guter Ratgeber aus dem Buchhandel. Bei der Auswahl des Unterkunft sollten Sie bedenken, dass Sie trotz größter Bemühungen kaum mehr als zwei bis drei Stunden pro Tag für die Tiere aufbringen werden können, oft wird es weniger sein. Demnach sitzen die Tiere weit über 20 Stunden in ihrer Unterkunft, so dass diese zu ihrem „Ersatzlebensraum“ wird. Hier sollten Sie also keineswegs sparen und lieber kleinere Vögel mit geringerem Platzbedarf wählen, wenn es für die große Flugvoliere finanziell nicht reicht.

Die von mir angegebenen Maße für Käfige oder Volieren gelten für die paarweise Unterbringung und dürfen auch bei begründeter Einzelhaltung nicht unterschritten werden. Die Grundflächen sind je weiteres gehaltenes Paar um 50% zu erweitern, wobei grundsätzlich zu überprüfen ist, welche Arten überhaupt für eine Gruppenhaltung in Frage kommen.

Um dem Schutzbedürfnis der Tiere entgegen zu kommen, sind Käfige in mindestens 80 cm Höhe aufzustellen. Bei Außenvolierenhaltung, die bei vielen Arten allein aufgrund der entstehenden Lärmbelästigung kaum in Frage kommt, muß ein Schutzraum oder bei winterharten Arten zumindest ein Witterungsschutz vorhanden sein, der jederzeit von den Vögeln aufgesucht werden kann. Für die Arten, die in der Regel in temperierten Räumen gehalten werden müssen, ist eine Innenvoliere entsprechend den Maßen der Außenvoliere einzurichten.

Futter- und Wasserstellen sind im Winter im Schutzraum anzubringen. Futter und Wasser sind täglich frisch anzubieten, die Gefäße sind vorher zu reinigen. Der Boden des Käfigs, der Innenvoliere und des Schutzraumes ist mit Sand, Hobelspänen von unbehandeltem Holz, Holzgranulat, Rindenmulch o. ä. geeignetem Material abzudecken und möglichst einmal wöchentlich zu reinigen. Der Boden einer Außenvoliere kann entweder Naturboden oder mit einem Belag aus Sand, Kies o. ä. versehen sein.

Das Material der Volieren, Käfige und deren Ausstattung darf nicht zu Gesundheitsschäden führen, soll leicht zu reinigen und muß so verarbeitet bzw. angebracht sein, daß Verletzungen nicht auftreten können. Die Vergitterung soll aus Querstäben oder Geflecht bestehen. Käfige, Volieren und Schutzräume müssen mit mehreren Sitzstangen aus Holz unterschiedlicher Stärke ausgestattet sein, die so angebracht sind, daß möglichst lange Flugstrecken entstehen. Die Zimmervoliere wird nicht mit Kunststoffstangen, sondern ausschließlich mit Naturästen bestückt. Auch senkrechte, knorrige Äste bieten ideale Klettermöglichkeiten. Zur gesunden Ernährung gehören auch einmal pro Woche frische Weidenzweige mit saftiger Rinde zum Benagen. Diese ist sehr reich an Mineralien und bietet zudem eine sinnvolle Beschäftigung.

Eine Badeeinrichtung sollte möglichst ständig zur Verfügung stehen. Baden Vögel nicht, sollen sie bei geeignetem Wetter mindestens einmal wöchentlich mit Wasser besprüht werden.

In Räumen, auch in Schutzräumen, ist für ausreichend Tageslichteinfall oder für die Anwendung von Kunstlicht entsprechend dem Tageslicht zu sorgen. Die tägliche Beleuchtung soll 12 Stunden betragen, aber auch nicht überschreiten.

Bei Gruppenhaltung müssen während der Fortpflanzungszeit wesentlich mehr Nistkästen angeboten werden als Paare im Gehege sind, um Streitigkeiten zu minimieren. Besondere Sorgfalt ist auf abwechslungsreiches, geeignetes Futter zu verwenden. Es genügt nicht, Papageien ganzjährig mit trokkenen Sämereien zu füttern. Es müssen, je nach Vogelart, auch Obst, Gemüse, Grünfutter und, zumindest während der Jungenaufzucht, tierisches

Eiweiß angeboten werden. Auch gekeimte Saaten sollten zum regelmäßigen Futterangebot gehören. Keimautomaten gibt es im Zoofachhandel oder im Reformhaus. Achten Sie darauf, dass die Futtermenge angemessen ist, denn die meisten Papageien werden zu fettreich und üppig gefüttert, so dass sie übergewichtig werden. Kalksteine sollten vorhanden sein sowie sauberes, täglich erneuertes Trinkwasser.

Aber es sind noch andere Vorbereitungen nötig. Wie Sie wissen, sind Papageien recht langlebig und einige der Großpapageien können es gar auf 50 Jahre und selten auch mehr bringen. Sind Sie wirklich bereit, diese lange Verantwortung zu übernehmen? Was ist im Krankheits- oder Urlaubsfall? Gibt es einen zuverlässigen Ersatztierpfleger? Kennen Sie schon einen Tierarzt, der sich mit Vogelkrankheiten auskennt, in Ihrer Nähe? Wenn ein Krankheitsfall erst einmal eintritt, hat man meist mehr nicht genug Zeit, nach einem zu suchen.

Grundsätzlich ist es am natürlichsten, wenn nur gegengeschlechtliche Tiere zusammen gehalten werden, die bevorzugt nicht eng miteinander verwandt sind und tatsächlich harmonieren. Tiere kann man bei einem zuverlässigen Züchter oder im Zoofachhandel erwerben.

Bei Handaufzuchten ist besonders darauf zu achten, dass die Tiere zusammen mit Artgenossen aufgezogen wurden und somit nicht auf den Menschen geprägt wurden, da es sonst im Erwachsenenalter schnell zu ernsthaften Verhaltensproblemen kommen kann.

Erfahrene Halter können auch auf Vögel zurückgreifen, die über Zeitungen etc. abgegeben werden, weil sie aus den verschiedensten Gründen nicht mehr gewünscht sind. Da man aber nicht weiß, welche Erlebnisse und Probleme diese Tiere haben, sollte man auf sie nur dann zurückgreifen, wenn man sich wirklich mit Problemtieren und ihrer Behandlung auskennt. Erwerben Sie keine Vögel auf Vogelbörsen oder Ausstellungen, denn erstens ist dies sehr viel Stress für die Tiere, und zweitens können Sie sich nicht von den Haltungs- und Zuchtkonditionen beim Anbieter vergewissern.

Sie merken, dass Papageienhaltung ein faszinierendes, weil vielseitiges Hobby ist. Der Lohn dieser Mühen ist die Gesundheit und Zutraulichkeit ihrer Papageien, die schnell zu echten Familienmitgliedern werden.

# Ihr persönliches Trainingsprogramm

Ich gehe nun davon aus, dass Sie Ihre Tiere mittlerweile handzahm bekommen haben und mit Ihnen regelmäßig trainieren können. Mit großer Wahrscheinlichkeit haben Sie nun auch den Leckerbissen für Ihr Tier gefunden, für das es bereit ist, etwas zu tun. Bei meinen Graupapageien helfen immer geschälte Erdnüsse, da Sie sie gerne fressen, ich sie aber nicht ihren täglichen Futtermischungen zufüge. Auf diese Weise besteht bei meinen Tieren immer eine hohe Motivation und die Nuss wird zu einer echten Belohnung.

Es gibt andere Tiere, die sich für eine Erdnuss nicht einmal bewegen. Meine Gelbscheitelamazone „Peggy“ ist so ein Fall. Hier hilft nur eine Weintraube, wenn die nicht im Haus ist, liebt sie auch Rosinen oder frische Erbsen. Sie sehen, die Tiere zeigen schon hier Ihren eigenen Charakter, doch ohne anständige Entlohnung würden Sie vermutlich morgens auch nicht zur Arbeit gehen, warum also Peggy?

Damit die Motivation besonders groß ist, trainiere ich die Tiere stets vor der Fütterung. Frei nach dem Motto „Voller Bauch trainiert nicht gern.“ Wenn Sie besonders intensiv trainieren, können Sie es so machen wie viele professionelle Tiertrainer. Sie verfüttern oft morgens nur frische Früchte und Gemüse, trainieren dann unter Gabe von Nüssen etc. und verfüttern am späten Nachmittag das Körnergemisch.

Wie man den Vogel auf den Klicker konditioniert, konnten Sie ja bereits erfahren. Nun wird es Zeit mit der ersten Trainingseinheit zu beginnen.

## 1. Der Zeigestock („Target-Stick“)

Insbesondere um den Vogel bei späteren Trainingseinheiten besser anleiten und positionieren zu können, sollte man ihn zunächst beibringen, auf ein bestimmtes Zielobjekt zu reagieren. In den USA werden hierzu vor allem kleine Stöckchen oder Stifte etc. benutzt, daher kommt auch der Begriff „target stick“ (= Ziel- oder Zeigestock). Ich persönlich nutze am liebsten gedrehte Sitzstangen aus Hartholz wie man sie in älteren Käfigen für Finken oder Kleinsittiche findet. Man kann aber auch entsprechende kleine Naturäste etc. verwenden. Hauptsache man nutzt nicht den Sitzast des Vogels, da es sonst nur zu Verwirrung des Krummschnabels führt. Stifte kommen bei mir deshalb nicht zum Einsatz, da meine Papageien meist Graupapageien oder Amazonen sind, und sie schnell den Stift zerbeißen und so vielleicht mit ungesunden Farbstoffen oder ähnlichem in Kontakt kommen könnten.

Wie beginnt man nun? Im Prinzip wenden wir nur das Gelernte aus den vorherigen Kapiteln an. Wir halten dem Vogel ruhig und regelmäßig den Stock hin und bestärken ihn durch „Klick“ und Belohnung, wenn er Anstalten macht, sich dem Objekt freiwillig zu nähern. Tipp: Wenn Sie den Target stick tagsüber neben dem Käfig liegen, gewöhnen sich die meisten Tiere recht schnell an dieses Objekt. Dabei wird zunächst jede Bewegung in Richtung Stöckchen belohnt. Wenn der Papagei dies zuverlässig macht, belohnen Sie ihn nur noch dann, wenn er den Stock tatsächlich mit dem Schnabel berührt. Einige Papageien werden dann recht rabiat und wollen das Objekt quasi aus Ihrer Hand reißen. Dies erlauben Sie jedoch nicht, sondern belohnen künftig nur noch, wenn er den Stock einfach nur mit dem Schnabel festhält. Zum Belohnen gehört auch immer ein lobendes Wort „Wie Gut gemacht!“, was den Papagei schnell zu verstehen gibt, dass er etwas ganz besonders Gutes getan hat.

Dieses Training perfektionieren Sie jetzt Schritt für Schritt weiter, indem Sie nun den Stock vom Vogel weg bewegen und dieser nur belohnt wird, wenn er dem Objekt folgt und es schließlich wieder sanft in den Schnabel nimmt. Bei diesem Training nutzen Sie den natürlichen Schnabelgebrauch eines Papageien und machen sich diesen zunutze, um künftig den Papagei in Position zu bringen, denn wenn er die Lektion einmal verinnerlicht hat, wird er diesem „Zeigestock“ gerne folgen.

Übrigens nutzen manche Halter auch einen „Laserpointer“ als Zeigewerkzeug. Es funktioniert zwar, aber ich halte aus zwei Gründen nichts davon. Zum einen ist es für den Papagei wichtig, dass er das Objekt auf natürlich Weise berühren kann, mit dem Stock geht das, mit einem gebündelten Lichtstrahl nicht. Zweitens besteht immer die Gefahr, dass man beim Hantieren mit dem Laser Zuschauer oder den Vogel selbst aus Versehen ins Auge trifft und dies sollte aus den allseits bekannten Gründen unbedingt vermieden werden.

## 2. Ein Objekt aufheben

Hier können Sie sich schon zunutze machen, was Sie dem Vogel zuvor beigebracht haben. Mit Hilfe des „Zeigestocks“ manövrieren Sie ihren Vogel zu einem Objekt, z.B. einer kleinen Pappschachtel, die er aufheben soll. Wenn der Vogel artig folgt und schließlich sich für das neue Objekt zu interessieren beginnt, können Sie dazu übergehen nur noch dann zu bestärken (Klick und Leckerbissen), wenn der Papagei an der Schachtel manipuliert. Schließlich nur noch dann, wenn er sie mit dem Schnabel aufhebt usw. usf. Wenn Sie weitere Verhaltenselemente einfügen und auf die gleiche Art und Weise eintrainieren, bekommen Sie es bald schon hin, dass Ihr Papagei ein Objekt aufhebt und zu Ihnen trägt.

## 3. Lautimitation verstärken

Wie bereits ausführlich geschildert, kann Ihnen niemand garantieren, dass Ihr Papagei „sprechen“ lernt. Wenn ein Tier allerdings damit freiwillig beginnt, Töne oder Worte nachzuahmen, dann kann man ihn in seinen Bemühungen bestärken und somit zumindest zum Teil seinen „Wortschatz“ formen. Nehmen wir mal an, dass ihr Vogel irgendwann einmal „Hallo“ sagt, ganz einfach, weil er immer so von Ihnen begrüßt wird. Dann können Sie das Tier unmittelbar nach diesem ersten „Versprecher“ positiv bestärken, indem Sie klicken und dann eine Belohnung reichen. Es kann danach nützlich sein, wenn Sie ihm das entsprechende Wort so oft vorsagen, dass es den Papagei animiert mitzumachen. Jedes Mal, wenn er ein „Hallo“ hören lässt, wird er bestärkt. Er wird schnell lernen, dass die Belohnung stets auf sein „Sprechen“ erfolgt und es öfter vortragen. Kann der Vogel sein erstes Wort sicher, können Sie auf die gleiche Weise das nächste Wort trainieren oder wie wäre es mit einer gepfiffenen Melodie?

## 4. Sonstige Tricks

Eigentlich sind der Phantasie hier keine Grenzen gesetzt, obwohl ein Papagei ja vor allem in seinem natürlichen Verhalten bestärkt werden soll. Ich persönlich halte daher nicht so viel von den ganz verrückten Tricks, die manche Papageien vorführen, aber das bedeutet nicht, dass es diesen Tieren schlechter geht. Es ist lediglich meine persönliche Sicht der Dinge, denn ich möchte meine Tiere zwar fördern und an mich gewöhnen, will sie gleichzeitig aber auch nicht zu sehr vermenschlichen.

Kaufen Sie sich mal ein gutes Buch über das Verhalten der Papageien in freier Wildbahn und versuchen dortige Verhaltensweisen in ihr Trainingskonzept einzubauen. Ich habe auf einer Reise nach Neuseeland einmal Keas beobachten dürfen und musste feststellen, dass diese Tiere und vermutlich auch noch andere Papageien wahre gefiederte Kobolde sind, die nichts als Flausen im Kopf haben. Wer Papageien trainiert, indem er ihren Spieltrieb ausnutzt, der fördert nur deren Verhalten und lässt seine Papageien so sein wie sie von Natur aus sind.

Man kann schnell weitere Beispiele in dieser Hinsicht finden. So ist es für einen Papageien durchaus normal, ein Objekt anzuheben und darunter nach einer Futterquelle zu suchen, etwa wenn Kakadus die alte Rinde von einem Ast entfernen und darunter dann nach Insektenlarven suchen. So kann ein „Hütchenspiel“, bei dem unter einem Becher oder ähnlichem ein Objekt versteckt ist, durchaus das natürliche Verhalten eines Papageien fördern. Es muss ja nicht immer Rollschuhfahren sein, oder?

## 5. Pflegerische Maßnahmen trainieren

Papageientraining ist ebenfalls eine sehr gute Gelegenheit, die Tiere auf verschiedene Maßnahmen vorzubereiten, die bei der Vogelhaltung immer wieder notwendig werden. Man denke in diesem Zusammenhang nur einmal an die regelmäßige Untersuchung des Gesundheitszustandes oder der Verabreichung von Medikamenten etc.

Hier sind besonders folgende Verhaltensweisen nützlich, die sehr gut durch Klickertraining gefestigt werden können:

- Sitzenbleiben: Ein Vogel bleibt für eine gewisse Zeit auf einem vorgegebenen Sitzast o.ä. (z.B. wichtig um Tiere zu wiegen oder aus der Nähe zu begutachten).

- Auf die Hand setzen: Der Papagei nimmt ruhig auf der Hand des Pflegers platz und lässt sich aus der Nähe betrachten.

- Bewegung von A nach B: Der Papagei geht auf

Kommando von Punkt A nach B (z.B. Wechsel von der Außen- in die Innenvoliere zur Nachtruhe)

- Hereinklettern: Der Vogel klettert freiwillig in eine Reisebox oder einen Krankenkäfig.

Beispiele aus der Praxis: Ein befreundeter Papageienhalter hatte Probleme bei der Gruppenhaltung von Blaustirnamazonen, die sich an Futterplätzen häufiger aggressive Auseinandersetzungen um begehrte Futtermittel lieferten. Da dies vor allem von einem dominante Männchen ausgelöst wurde, trainierte mein Bekannter die Tiere dazu, jeweils auf individuell zugeteilten Ästen sitzen zu bleiben und brav auf die Leckerlis zu warten. Die begehrten Futtermittel wurden künftig nicht mehr einfach dem Futter beigemischt, sondern jeder Vogel erhielt seinen Anteil, wenn er sitzen blieb. Die nahm erheblich die Aggression aus dem Geschehen und er konnte sicherstellen, dass auch jeder Vogel seinen Anteil bekam.

Vergleichbares kann man machen, wenn Tiere sich aggressiv gegenüber dem Pfleger verhalten, sobald dieser die Voliere betritt. Hier empfiehlt es sich, die Tiere ebenfalls positiv zu bestärken (Klickertraining), auf einem bestimmten Sitzast zu verbleiben, wenn der Betreuer ins Gehege kommt, um z.B. sauber zu machen. Ich selbst hatte allerdings auch mal ein Graupapagei, der sich auf diese Weise nicht von gelegentlichen Attacken abhalten ließ, Die Lösung war dann, dass er lernen musste, freiwillig in ein abtrennbares Volierenabteil zu wechseln, bevor ich das Gehege betrat. Sobald er drin war, schloss ich die Tür hinter ihm und konnte in Ruhe das Gehege betreuen. Natürlich ging dies nicht von heute auf morgen.

Ich begann damit ihm Futter in einer kleinen Schüssel immer näher am anderen Volierenabteil anzubieten, so dass er zunächst mit dem neuen Abteil eine positive Erfahrung verknüpfen konnte.

Schließlich begann ich jede aktive Bewegung des Tieres in Richtung Volierenübergang mit einem Klick gefolgt von einem Leckerbissen zu belohnen, den ich auf nahegelegene Sitzäste legte, da das Tier ansonsten etwas bissig war. Die richtige Richtung lernte der Jako recht schnell mit Hilfe eines Target-Sticks, auf den ich ihn zuvor konditioniert hatte. Nun konnte er verknüpfen: Target-Stick folgen führt zur Belohnung. Wohin er gehen sollte, war dann sekundär fürs Tier. Er folgte ja nur meinen Anweisungen, die ich ihm mit dem Zeigestock vermittelte. Irgendwann gab es nur noch etwas, wenn das Tier das neue Abteil aufsuchte und ich die Tür geschlossen hatte.

Es gibt gerade in den USA auch viele Vogelaussteller, die ihre Tiere, darunter auch verschiedene Papageien, darauf trainiert haben, freiwillig in Transport- oder Ausstellungskäfigezu klettern, so dass das stressvolle Einfangen mit Kescher und Handschuhen entfällt. Einige Vogelparks und Tiergärten trainieren sinnvollerweise ihre Tiere auf veterinärmedizinische und pflegetechnische Prozeduren, um die Handlingzeit pro Vogel sowie den Stress fürs Tier erheblich zu reduzieren. Dazu gehören folgende Verhaltensweisen: Wiegen, Nagelschneiden, Fußhochheben zwecks Untersuchung, Papagei erlaubt das Abtasten und Anfassen zur Untersuchung seines Gesundheitszustandes, Medikation mit einer Fütterungsspritze, Kloakenabstrich mit Wattebausch, etc.

Bei Volierentieren empfiehlt es sich, die Futterzeiten in Trainingsessions umzuwandeln, da man das Nötige mit dem Nützlichen verbinden kann und keinen extra Zeitaufwand in Kauf nehmen muss.

## 6. Flugtraining

Eines der wichtigsten Themen in der modernen Vogelhaltung ist die Bekämpfung der Langeweile und die Steigerung der Bewegungsaktivität. Viele gesundheitliche Beeinträchtigungen, die im Laufe eines Vogellebens auftreten, haben damit zu tun, dass die Vögel einer gewissen Armut an äußeren Reizen ausgesetzt sind und/oder dass sie sich nicht artgemäß bewegen können. Dies gilt insbesondere für Stubenvögel, die ja naturgemäß einen begrenzten Aktionsraum haben als z.B. Tiere die in größeren Volieren leben.

Vögel im allgemeinen und Papageien im besonderen sind an den Flug angepasst. Dies betrifft ihre Anatomie und Physiologie und ihr Verhalten. Wenn sie entgegen dieser natürlichen Begebenheiten wenig bis gar nicht fliegen können, weil sie etwa die meiste Zeit in einem beengten Käfig leben müssen, dann muss man sich nicht wundern, wenn zahlreiche Tiere unter Fettleibigkeit und den daraus resultierenden Gesundheitsschäden leiden. Durch ein gezielten Flugtraining mit den Tieren, steigert man ihre Aktivität und fördert ihre natürlichen Verhaltensweisen.

Das Training verläuft nach den gleichen Prinzipien, die bereits für andere Verhaltenselemente beschrieben wurden. Es kommt also wieder der Klicker und die positive Bestärkung zum Einsatz. Da sich das Flugtraining etwas komplexer darstellt, als die einfachen Tricks, die wir bereits besprochen haben. Papageien, die schon lange in Käfigen leben, müssen sich meist erst schrittweise an die mit dem Flug verbundenen Anstrengungen gewöhnen. Daher ist zu Beginn Geduld gefragt. Ferner sollte man in einem Raum trainieren, der genug Freiraum fürs fliegen lässt und keine Gefahrenquellen enthält.

Am besten man lässt sich das Tier an die Umgebung gewöhnen und es im Raum selbst umherfliegen bzw. klettern. Sobald der Vogel sich im Flug in Ihre Richtung bewegt, muss man dieses Verhalten durch Klicken und Belohnen bestärken. Der Vogel beginnt dann schrittweise, dass das „Zum-Pfleger-fliegen“ eine Belohnung mit sich bringt und beginnt öfter zu Ihnen zu fliegen. Geschieht dieses Verhalten über mehrere Tage sehr konsistent, dann können Sie beginnen, dem Tier ein Signal beizubringen, auf das es losfliegen soll.

Dazu kann man z.B. die Hand waagerecht hinhalten und sagen „Komm“. Damit wird dem Tier klar, wann es losfliegen soll, und die Wahrscheinlichkeit, dass es auf Ihrem Arm landet nimmt stetig zu. Geschieht dies, setzen sie wieder den Klicker ein sobald die Landung erfolgt ist und geben abschließend eine Belohnung. Da Vögel gerne höhere Sitzgelegenheiten nutzen, empfiehlt es sich den Arm möglichst hoch über den Kopf zu halten. Zunächst erfolgt eine Belohnung bei jedem Anflug Ihres Armes, später wenn dies regelmäßig geschieht, nur noch dann, wenn Sie das Tier rufen. Kommt es aus freien Stükken, also ohne Signal, dann reicht es, wenn Sie das Tier loben.

## Literaturauswahl

Athan, M.S. (1999): Guide to a well-behaved Parrot. New York.

Castro, A. (2006): Die Vogelschule - Clickertraining für Papageien, Sittiche und andere Vögel. Hattersheim.

Doole, J. (1993): Parrot Sense. Ontario.

Forshaw, J. M. (1989): Parrots of the World, Melbourne.

Heidenreich, B. (2005): The Parrot Problem Solver. Finding Solutions to Aggressive Behavior.

Hoyo, J. del, Elliott, A. und Sargatal, J. (Hrsg.)(1997): Handbook of the Birds of the World, Sandgrouse to Cuckoos, Vol. 4. Barcelona.

Lantermann, W. (1999): Verhaltensstörungen bei Papageien. Hannover.

Low, R. (2001): Papageien sind einfach anders. Stuttgart.

Pepperberg, IM. (1999): The Alex Studies. Harvard University Press. Cambridge, MA.

Wedel, A. (1999): Ziervögel - Erkrankungen, Haltung, Fütterung. Hamburg.